感悟人生哲理，点亮智慧心灯。

读懂人生哲理，改变人生命运。

受益一生的人生哲理课

人生时时可悟道，生活处处有修行。

对人生多一些反思，生活会少一点盲目。

墨 羽◎著

LIFE PHILOSOPHY LESSON

中国商业出版社

图书在版编目（CIP）数据

受益一生的人生哲理课 / 墨羽著 . -- 北京 : 中国商业出版社, 2018.6

ISBN 978-7-5208-0100-3

Ⅰ . ①受… Ⅱ . ①墨… Ⅲ . ①人生哲学—通俗读物 Ⅳ. ①B821-49

中国版本图书馆 CIP 数据核字 (2018) 第 058451 号

责任编辑：姜丽君

中国商业出版社出版发行

（100053 北京广安门内报国寺1 号）

010-63180647 www.c-cbook.com

新华书店经销

三河市三佳印刷装订有限公司印刷

*

710×1000毫米　1/16开　16印张　250 千字

2018年11月第1版　2018年11月第1次印刷

定价：39.80元

* * * *

（如有印装质量问题可更换）

你的人生有方向吗?

似乎，我们每个人生来就是为了赶路：从呱呱坠地，到蹒跚学步，接着进入幼儿园，一路小学、初中……完成学业进入职场，然后结婚生子，一切的一切都那么有条不紊，那么按部就班，那么匆匆忙忙。

当你习惯了忙碌的学习工作，当你适应了五光十色的生活，当你沉溺于酒色或权势，当你渐渐从单纯变得圆滑老练，好像一切都在朝着一个“成功方向”发展。我们骄傲于财富的积累，开心于职位的提升，可是绝大多数人渐渐忘记了自我，慢慢丢失了那个最本真的灵魂。

你是否已经被现实打磨的变了模样?

你是否还记得内心最初的“梦想”?

你是否感觉到迷茫?

你是否知道自己应该去往哪里?

你是否常常沉湎于过去的辉煌?

你是否总是抱有不切实际的幻想?

你的人生是否真的有方向?

这是一个互联网繁荣发展的时代，这是一个海量信息爆炸的时代，身处其中的我们陷入了一个“矛盾”的深渊，没有任何一个人可以置身事外。

房子、车子、孩子、医疗、教育、工作、学习、考证、升职……人们的压力越来越大，休闲和轻松的需求被压抑，于是这些没有通过休闲和放松排遣出来的情绪转而通过“娱乐”的方式来实现。

手机上的娱乐信息、无脑的各种电视剧、五花八门的花边新闻、充斥着低俗话题的综艺节目、信息真假难辨的微博、论坛……诚然借助便利的互联网来娱乐放松无可厚非，但可怕的是，在这种“状态”下，我们不知不觉就失去了“思考”的能力，正如尼尔·波兹曼在《娱乐至死》中所说，“过去，人们是为了解决生活中的问题而搜寻信息，现在是为了让无用的信息派上用场而制造问题”。

近年来，随着微博、朋友圈等社交媒体的走红，相当一部分年轻人都成为“低头族”。上班路上刷朋友圈、吃饭晒朋友圈、上厕所刷朋友圈、逛街要发朋友圈、临睡前也要刷朋友圈……我们的大脑已经被各种无用的信息占据，甚至正在渐渐失去“思考”的功能。

一个被碎片信息占据的大脑，一个被海量信息麻木的灵魂，怎么可能会拥有一个精彩的人生?

请适时放下你的手机、关上你的PAD，深度去思考生活的远方，深刻去认识真实的自己，努力去憧憬美好的未来。

夜深人静的时候，不妨多问问自己：你的人生真的有方向吗?

一艘没有罗盘导航的巨轮，即便船体结实、马力十足、食物充足、水手强健，最终也会迷失在茫茫大海之中。

人的一生要走很远的路，经过几十年甚至一百年才能走到终点。唯有具备强烈方向感的人，才能路过最美的风景，摘到最甜美的果实，并最终顺利地到达目的地。

本书汇集了丰富的人生哲理，既有自我塑造、自我成长的精进之道，也有活在当下的生活智慧，还有抓住命运、拼搏进取的奋斗经。希望本书质朴的文字、深刻的内涵能够让广大读者在放下手机的同时，获得一场“灵魂”的洗礼，能够真正放下碎片化的垃圾信息，认真审视自我，如何让人生变得更有价值，并勇敢奔向充满无数种可能的未来。

上篇

坚固如磐，塑造更强大的内心

第一章　了解：诚实面对，秀出自我…………………………………… 003

面对纷繁复杂的世界，也许迷茫，也许徘徊，失去了最本真的自我。在这个大放异彩的世界，诚实面对自我，了解自我，才能获得新生。

1.全面认识自我，接受自我 …………………………………… 005
2.学会释怀，放下过去 ………………………………………… 006
3.不必执着于他人的眼光 ……………………………………… 008
4.不要带着沉重上路 …………………………………………… 009
5.自己别轻视自己 ……………………………………………… 011
6.努力挖掘自己的潜力 ………………………………………… 012

第二章　心态：积极心态，事半功倍…………………………………… 015

一个人只有摆正心态，才能学会身心放松，做到心胸豁达。做个内心充满阳光的人，不仅会让你获得快乐，你周围的世界也会因你变得更加多姿多彩。

1.保持微笑，每一天都是新的 …… 017
2.摆脱束缚，超越自我 …… 018
3.坦然面对失败，学会放下 …… 020
4.你若不坚强，懦弱给谁看 …… 021
5.勇于进取，拒绝平庸 …… 023

第三章　尊重：尊重他人，手留余香 …… 025

尊重他人亦是尊重自己。无论是生活还是工作，我们都无法逃避人际关系这一话题。一个人只有学会尊重他人，才能让自己的心情更加愉悦，更好地迎接每一天的生活。

1.学会赞美他人，欣赏他人的优势 …… 027
2.感恩生活，享受当下的美好 …… 028
3.热忱友善，真诚待人 …… 030
4.宽宏大量处事，积累人脉 …… 032
5.尊重他人，尊重自己 …… 034
6.放下骄傲，精诚团结 …… 035

第四章　主宰：做心理的主人，直面人生 …… 039

每个人的人生和命运都应该由自己主宰，而主宰命运的第一步先要主宰自我的心理，建立心理优势。无论你是否成功，都要学会勇于面对人生。

1.专注成就梦想 …… 041
2.相信美好事情的存在 …… 042

3.心中有灯，方能驱逐黑暗 …………………………… 044
4.未来不可预知，但值得期待 ……………………… 046
5.相信自己，勇敢飞翔 ………………………………… 047

第五章 挑战：打败弱势，凸显优势……………………… 051

金无足赤，人无完人，每个人都有自己的优势和弱势。一个人拥有弱势并不可怕，可怕的是你不敢面对最真实的自我。你需要挑战自己的弱势，打败内心弱小的根源，重塑强大内心。

1.拒绝踩“冲动”这颗地雷 ………………………… 053
2.焦虑是牵绊性格的绳索 ………………………… 054
3.过度抑郁会断送人生 ……………………………… 056
4.自负会阻碍你的成功 ……………………………… 058
5.不该犯的错误一定别犯 ………………………… 060

第六章 包装：人靠衣装，心灵更需要包装……………… 063

每个人都是一张白纸，每个人都渴望五彩缤纷的画面。要想拥有五光十色的图片，你需要学会包装自己，拥有内心强大的武器，充实自我，做一个强大的人。

1.韬光养晦，厚积薄发 ……………………………… 065
2.夹缝中求生存，泰然处之 ………………………… 066
3.戒骄戒躁，平凡但不平庸 ………………………… 068
4.挖掘潜能，展翅翱翔 ……………………………… 070
5.循序渐进，等待最佳时机 ………………………… 072
6.淡然处世，率真自然 ……………………………… 074

第七章　蜕变：坚固如磐，未来胜券在握…………………………… 077

你的内心应该坚固如磐，经历过风吹雨打愈加坚不可摧。未来虽然不可预知，但我们要主宰自己的人生，把握自己的未来！

1.与其抱怨，不如认清自己 ……………………………………… 079
2.学会化解痛苦 …………………………………………………… 080
3.锲而不舍，在寂寞中突破 ……………………………………… 082
4.善良的人心态最美 ……………………………………………… 084

中篇

活在当下，简单地生活

第八章　朋友：结识朋友，道路坦荡…………………………………… 089

海内存知己，天涯若比邻。每个人一出生都并非一个单独的个体，生活工作都需要我们学会结交朋友，认识不同的人，体验形形色色的人生，共享生活的美好。

1.打开自己，结交真挚朋友 ……………………………………… 091
2.真诚待人，方能赢得真心 ……………………………………… 092
3.算计是朋友相处的大敌 ………………………………………… 094
4.相处而并非时刻依赖 …………………………………………… 096

第九章　定位：学会定位，界定身份…………………………………… 099

你是一个什么样的人？纷繁复杂的社会，你是否会迷失自己，迷失了最本真的自我？浩瀚星辰，每个人都有自己的位置，都有自己的身份，不允许他人改变。

1.学会倾听，才能受人欢迎 …………………………… 101
2.维护自尊，切勿迷失 …………………………… 103
3.以退为进，获得尊重 …………………………… 105
4.时刻定位，不忘初心 …………………………… 107

第十章　宽容：宽容他人亦是宽容自己…………………………… 109

人心不是靠武力征服，而是靠爱和宽容大度征服。一个人拥有一颗宽容大度的心，待人接物，才能由原本的状态上升为新的高度，达到全新的境界。

1.宽容他人对自己的恶意伤害 …………………………… 111
2.保持冷静，理性地看待差异 …………………………… 113
3.帮助他人也是帮助自己 …………………………… 114
4.谦虚谨慎是一种美德 …………………………… 116

第十一章　坚持：锲而不舍，推动命运转轮…………………………… 119

你有对自己生命的主宰权，任何事情都不能让你放弃一切。你需要培养自己坚韧不拔的意志，推动命运的转轮，而不是让命运主宰你。

1.锲而不舍，克服一切危机…………………………… 121
2.心魔比生理上的疾病更可怕…………………………… 123
3.努力弥补自己的遗憾…………………………… 125
4.缺点也可以成为你成功的机会…………………………… 126
5.永不言弃，一切都有可能…………………………… 128

第十二章　梦想：梦想是用来捍卫和守护的…………………… 131

你是否了解自己，是否明白自己想要什么？人不可能碌碌而为，盲目地做自己不想做的事情。你只有了解自己，才能看到累累硕果。

1.梦想拒绝拖延………………………………………… 133
2.控制住自己才能实现梦想……………………………… 135
3.梦想需要循序渐进……………………………………… 137

第十三章　格调：简单做人也是一种心态…………………… 139

一种简单的生活，简单的心态，简简单单地做人，简简单单地生活。简单的生活会让人身心愉悦，过自己想要的生活。

1.不要给自己太大压力…………………………………… 141
2.化繁为简，各个击破…………………………………… 143
3.放下烦恼，快乐地生活………………………………… 144
4.感受自由，解放自我…………………………………… 146

第十四章　生活：享受生活，活在当下……………………… 149

生活不可能让你事事如意，既然如此我们应该学会积极地面对现实，学会享受生活，认认真真对待生命赐予你的每一天，每个小时，每一分，每一秒。

1.活在当下，专注当前…………………………………… 151
2.换个思路，少些抱怨…………………………………… 153

3.你不可能永远活在过去…………………………………… 155
4.未来也是值得期待的……………………………………… 157

下 篇

抓住命运，打拼属于自己的未来

第十五章　幻想：幻想只会让你错失机遇……………………… 163

一个人必须拥有梦想，但并不是幻想。一个只会幻想的人，不仅会错失属于自己的机遇，而且会离成功越来越远。

1.机遇是可以努力创造的…………………………………… 165
2.空谈机遇永远不会成功…………………………………… 166
3.将空想和行动结合起来…………………………………… 168
4.抓住一切可能的机遇……………………………………… 169
5.把握方向，叩响成功的大门……………………………… 171

第十六章　希望：希望再小，也是希望…………………………… 175

未来是不可预知的，哪怕一点点希望，也要学会坚持，因为谁也不知道下一秒会发生什么。

1.不被风雪吓倒……………………………………………… 177
2.全力以赴挑战自我………………………………………… 179
3.度过苦难就是成功………………………………………… 180
4.即使命运不济，也永不放弃……………………………… 182
5.一切都是最好的安排……………………………………… 183

第十七章　思考：拓宽思路，问题不在话下…………………… 185

解决问题的思路有很多种，碰到难题的时候，换个角度思考，你会得到意想不到的惊喜。千万不要执拗于一个思路，否则你会陷入一种死循环，无法逃出。

1.学会提问，多问几个为什么…………………………… 187
2.从全新的角度思考问题………………………………… 188
3.开拓思路，发散思维…………………………………… 190
4.审时度势，抓住关键…………………………………… 192
5.认真思考，而不是走马观花…………………………… 193

第十八章　精力：元气满满，前程不可估量…………………… 195

一个活力满满的人，必然是一个心态积极乐观的人。他们在完成自己的任务和工作时，也给大家带来了满满的正能量。

1.保持认真，从工作中寻找乐趣………………………… 197
2.放松自我，摆脱压力束缚……………………………… 199
3.用热情影响周围的人…………………………………… 200
4.调整心态，克服厌倦…………………………………… 202

第十九章　感恩：学会感恩，幸福近在眼前…………………… 205

幸福其实很简单，存在于生活的方方面面。不要去抱怨命运的不公，学会拥抱幸福，拥抱命运。

1.真正的幸福取决于自己的内心…………………………207
2.幸福其实就在身边…………………………………………209
3.感知幸福，感恩父母………………………………………211
4.感谢命运，感恩每一个人…………………………………213

第二十章　实践：行动派会走得更远……………………………215

纸上谈来终觉浅，绝知此事要躬行。不要总开空头支票，你需要成为行动派，用行动证明一切。

1.走自己的路，不在乎他人的眼光…………………………217
2.制订计划，付诸实践………………………………………218
3.行动是成功与否的佐证……………………………………220
4.努力实践，实现自我价值…………………………………222
5.在行动中快乐，在实践中成长……………………………224

第二十一章　打拼：未来的你值得期待…………………………227

每个人都渴望赢得他人的鲜花和掌声，现在的你不应止步不前，应该努力创造，努力拼搏，为自己，为未来！

1.从现在起，制订规划 ……………………………………229
2.成功并非一蹴而就 ………………………………………231
3.鹤立鸡群并非难事 ………………………………………233
4.未来的你不应该一事无成 ………………………………235

坚固如磐，塑造更强大的内心

第一章

了解：诚实面对，秀出自我

面对纷繁复杂的世界，也许迷茫，也许徘徊，失去了最本真的自我。在这个大放异彩的世界，诚实面对自我，了解自我，才能获得新生。

1.全面认识自我，接受自我

每个人都希望自己是完美的，是集成功于一身的精英，但这是不可能的。“金无足赤，人无完人。”完美只能是一个永远无法实现的梦。为了追逐这个梦，人们开始产生嫉妒、羡慕、不满、失落、自暴自弃等一系列情绪。在这些心理的作用下，有的人成功，有的人失败，有的人迷失自我，有的人自暴自弃……各种结果不尽相同，唯有一点是相同的：他们迷茫了。其实完全不用这样，人生的道路上，只要认清自己，坦然接受自己就够了。

作家朱自清，北京大学毕业，曾任清华大学文学系主任，作品以诗歌、散文为主，在中国近现代文学史上有着举足轻重的地位。就是这位文学天才曾在散文集《背景》的自序中写道：“我写过诗，写过小说，写过散文。25岁之前，喜欢写诗，近几年诗情枯竭，搁笔已久……我觉得小说非常的难写，不用说长篇，就是短篇，那种经济的、严密的结构，我一辈子也写不出来。我不知道怎样处理我的材料，使它们各得其所。至于戏剧，我更是不敢染指，我所写的大抵还是散文多。”从这段话不难看出，朱自清非常了解自己，清楚自己能做什么不能做什么。所以，他将自己的精力和时间准确地投入在了自己所擅长的散文上。试想，如果这位文学天才，不了解自己，又或是不能坦然接受自己的不足，那么文学史上是否能够留下他的名字恐怕是个未知数。

生命仅有一次，短短数十年的光阴，我们没有时间与自己较劲，走太多的弯路，唯有全面认识自己，接受自己，才能找准方向，扬长避短。古往今来，“认识自我”就是人生哲学中的最高智慧。只有在认识自己之后，坦然接受自己，人生才有希望。

然而，认识自己，接受自己，谈何容易。一辈子糊里糊涂，不认识自我，不接受自己的人随处可见，真正的明白人寥寥无几。清风拂过，脸上是否依旧麻木，心灵是否依旧浑浊，脑袋里面是否依旧空空如也？点亮生命，才能逃离黑暗。从现在起，闭上眼睛，给自己一个机会吧。

枕边箴言

亨利·比彻尔说：“一个人需要思考的，不是自己应该得到什么，而是自己是什么。”全面了解自己，接受自己很困难，但是它值得我们花时间和精力去弄清楚。因为，只有弄清楚这个问题，我们的人生才有方向，才能充分发挥出自身的才华，获得真正的成功与快乐。

2.学会释怀，放下过去

现实生活中，我们几乎都曾经历过这样的事情：与同事闹别扭了、被老板炒鱿鱼了、减薪了、被贴罚单了、失恋了、做生意亏本了……总是会有很多的倒霉事情发生。正如大诗人辛弃疾所言：“叹人生，不如意事，十之八九！”

谁都有不如意的时候，这就是生活。面对这生活中的不如意，我们到底应该怎么做呢？愁眉苦脸，一副活不起的样子，或是终日泪流，郁郁寡欢。如果这些行为真的能够改变不好的处境，那么我们大家一起放声大哭。显然事情并非如此，哭泣和伤心解决不了任何问题。与其如此，不如学会释怀，拿得起放得下。

不为已经过去的事情懊悔、惋惜，只是总结经验和教训，努力过好现在，这是古今中外优秀人才的生存之道。的确如此，为什么要为不可能改变的事情耗费精力呢？既然已经发生了，结局不能改变，那么就要果断放弃，过去的就让它过去，关键是要把握住现在和将来。

《后汉书·孟敏》一书中记载着这样一个故事。

东汉名臣孟敏，年轻的时候以卖甑（古代瓦制器皿）为生。一次，孟敏背着甑在集市上行走，一不小心，将一个崭新的甑打碎了。周围的人纷纷叹息：这么好的一个甑就这样打碎了。于是大家纷纷向孟敏投来了同情的目光。而孟敏不以为然，他头也不回地继续向前走。周围的人觉得有些奇怪，就问孟敏："这么好的甑打碎了，你怎么一点都不伤心，甚至连看都不看一眼呀？"孟敏回答道："我为什么要看它呀，既然已经碎了，又何必再伤心难过呢？"

这件事被当时的名士郭林宗知晓后，他觉得孟敏非常智慧，于是竭尽全力帮助孟敏游学。就这样，几年之后，孟敏学成，名闻天下。

记得小的时候，语文老师带领大家上了一节实验课。同学们很奇怪，语文课还有实验吗？只见语文老师将一瓶牛奶放在桌上，忽然一巴掌将牛奶瓶打翻在地上，牛奶瓶碎了，牛奶汩汩地流了出来。看着地上流出的牛奶，同学们都惊呆了。这时，老师大声对我们说道："同学们，牛奶已经流出来了，无论我们多么后悔和惋惜也不能改变这个现实，那么请记住这堂课，永远不要为已经打翻的牛奶哭泣。"这堂课给同学们留下了深刻的印象。

其实生活原本就是一个大课堂，谁都会犯错误，每天每时每刻都会有无数瓶牛奶因为各种理由被打翻。打翻就打翻，不要后悔，也不要低头看它，做好下一件事情就可以了。

枕边箴言

如果牛奶已经打翻，请不要为已经打翻的牛奶哭泣，擦干眼泪，总结经验和教训后，潇洒地和过去告别，义无反顾地勇往直前。

3.不必执着于他人的眼光

人生一世，草木一秋，当你得意时，别人赞扬的目光随之而来。当你失意时，别人鄙视的目光会随之而来。如果说，花草的一生在风雨和阳光中度过，那么很多人的一生是在别人的眼光中度过的。但是，真的有必要那样在乎别人的眼光吗？

一个中国留学生历经艰辛终于进入了美国某大学。课余时间，为了生计他到一所小餐馆里打临工，一会儿端盘子，一会儿洗盘子，一会儿又帮厨师打下手，忙得满头大汗。看着衣着光鲜的客人，这位留学生小声告诉自己：将来一定要出人头地，再也不做这种工作了。

厨师听到了，问道："你将来想要做什么？"

"我想转入商学院，进入华尔街工作，成为一名令人仰视的高管。"留学生坚定地说道。

厨师点了点头："你想要成为高管是为了自己还是为了别人？如果是为了自己，又何来'令人仰视'？"

这位留学生不以为然，他从心底瞧不起厨师的工作，于是反问道："那你又有什么梦想呀？总不会是想一辈子在这将就着过吧。你做这份工作，能得到别人的尊重吗？"

厨师听了他的话，很认真地说道："如果生意不好做，为了生存我只好放弃现在的工作，回到华尔街接着做高管。但只要生意不错，我会继续做这份工作。"

留学生惊住了，怀疑自己听错了。

"是的，你没有听错，我毕业之后进入华尔街，没过几年就做了某银行的高管，尽管年薪很高，但是我觉得不快乐，为了能够做自己喜欢的事情，我开了这家餐馆，做起了自己喜欢的厨师工作。"

很多年之后，当这位留学生做到了高管，实现了当初他想要得到的一切时，他开始明白厨师的话。的确，他不快乐，尽管他收获了别人仰视的目光。

鞋子合不合适只有脚知道。太过执着于他人的眼光，终究会迷失自己。精彩的人生是属于那些活出自我的人的。在乎他人的眼光，是不自信的表现。自己才是生命的主角，不管别人怎么看，做好自己就可以了。

枕边箴言

意大利作家但丁曾说："走自己的路，让别人说去吧。"人生在世，弹指一挥间，为什么一定要在意别人的眼光？只要自己觉得开心，觉得心安理得，就足够了。

4.不要带着沉重上路

年轻的威廉·科贝特为了心中的梦想，果断地辞掉正式工作，一头扎进文学创作中。可是现实是残酷的，梦想与现实总是会有很大的差距。很快，威廉·科贝特就发现自己没有创作鸿篇巨著的能力，他将自己憋在屋里好几天，却一个字也写不出来。威廉·科贝特觉得非常痛苦，甚至产生了轻生的念头。

一天，威廉·科贝特遇到了一位朋友，他将自己的处境告知朋友。朋友听完之后，对威廉·科贝特说道："我们一起走路回我家吧。"威廉·科贝特惊讶地说道："我没有听错吧，你家离这很远呀，需要几个小时才能走到。"朋友听完说道："那就随便走走吧。"

说完，威廉·科贝特和朋友边走边聊。路上他们一会儿聊聊射击，一会儿又去动物园看动物，一会儿又到美食店吃点美食。就这样，他们走走停停，竟然在不知不觉中走到了朋友的家门口。而这几个小时的路程，威廉·科贝特丝毫没有感觉累。这时，朋友对威廉·科贝特说道："永远不要忘记这几个小时的路程，你一定要记住，无论你的目标有多远，都不要带着沉重的心灵上路，要轻轻松松、开开心心地上路。这样你才能不惧怕路上的困难，才能勇敢地奋斗下去。"

朋友的这句话改变了威廉·科贝特的一生。从此，威廉·科贝特再也不把创作当成痛苦的事情，而是把它当作轻松愉快的事情，尽情地享受创作的过程。事实上，威廉·科贝特就是在这种轻松、愉快的过程中不知不觉地创作出了《莫德》《交际》等作品。

俗话说：心静自然凉，境由心生，无论我们处在什么样的困难中，只要我们的内心保持一份轻松，就没有什么克服不了的困难。带着沉重上路，会让我们的人生步履艰难。

枕边箴言

境由心生，无论你身处何种境地，心灵都需要放松。放松了，什么困难都有可能克服。相反，会让自己的人生变成灰色。

5.自己别轻视自己

安徒生很小的时候，父亲就去世了，留下他和母亲相依为命，过着贫穷的生活。

一次，安徒生和其他几个小朋友一起被邀请参加王子的盛宴。在宴会上，王子问安徒生："有什么可以帮助你的么？"安徒生回答道："我想自己写剧本，在皇家剧院演出。"王子用轻蔑的目光上下打量着这个衣衫褴褛、黑黢黢的孩子，说道："你还是想想学习一门可以维持生计的手艺吧。"说完，王子转身离开了。看来，在王子眼中，安徒生不够优秀，没有能力写出好的剧本。可是安徒生并不这么认为，他觉得自己很优秀。于是，安徒生告别了母亲只身来到哥本哈根。

在哥本哈根，安徒生去拜访了很多的贵族。可现实是残酷的，根本没有人理睬他。安徒生很伤心，但是他依然坚持认为，自己可以创作出优秀的作品出来。安徒生坚持着，终于有一天，他写的几本童话，受到了孩子们的喜爱。随着读者人数的增加，越来越多的读者期盼他发表新的作品。就这样，安徒生成功了，那一年，他 30 岁。

美国心理学家吉思克尔曾说："成功无法门，但失败一定会有收获。"在年轻的时候，多失败几次不是什么坏事情，多经历一些磨难也不是坏事情，不要因此自卑，怀疑自己。即使周边的人都怀疑自己，自己也不要认为自己一无是处。每个人都具有超乎想象的潜能，只要按照自己秉性发展，不迎合他人，就一定可以取得成功。

枕边箴言

相信自己，没有人比自己更优秀，即使现在你一无所有，一事无成，也要相信自己。只有你相信自己，不轻视自己，成功就会在不远处等着你。

6.努力挖掘自己的潜力

纽约街头一个卖气球的男子每当生意不好的时候，都会亲手放飞几个彩色的气球，以此来吸引他人的注意力。周围的孩子们看见之后，总会忍不住上前买几个来玩。这一天，男子的生意还是不好。为了能够卖出几个气球，男子决定再一次放飞几个气球。气球飞上天空，孩子们一片欢呼。家长们纷纷过来为自己的孩子买上几个气球。

忙碌之中，男子看到一个黑人小男孩正一动不动地盯着天空。顺着男孩的目光看去，这位男子看到了一只黑色的气球在空中飘荡。男子看出了黑人小男孩的心思。在哪个充满种族歧视的年代里，黑色代表着低俗、低下。于是，气球男子走到黑人小男孩的身边，轻轻抚摸着孩子的头，说道："孩子，其实气球能不能飞上天空，不在于颜色，而在于它有没有气体。如果气球有足够的气，就可以一飞冲天。就看你是否相信自己，并进行自我挖掘了。"

黑人小男孩顿时领悟，他自言自语道："是呀，气球能不能飞上天空，关键在于自身。"

在我们的生活中，有很多"黑人小男孩"，他们不清楚自己的潜力，也就不去挖掘自身的潜力。那些成功人士，不是他们天生就能成功，而是他们知道挖掘自己的潜力，充实自己，让自己一步一步地走向成功。要想摆脱平庸的自己，好好挖掘自己的潜力吧！

枕边箴言

爱因斯坦说过："不知道自己多有潜力的人，注定不会取得任何像样的成功。”每个人都有着巨大的潜力。是否能有效挖掘，以及是否敢于相信自己有这个能力，是你成功与否的关键。不要小看自己，你的身上蕴藏着巨大的能量。努力挖掘吧，它一定会给你一个不一样的未来。

第二章

心态：积极心态，事半功倍

一个人只有摆正心态，才能学会身心放松，做到心胸豁达。做个内心充满阳光的人，不仅会让你获得快乐，你周围的世界也会因你变得更加多姿多彩。

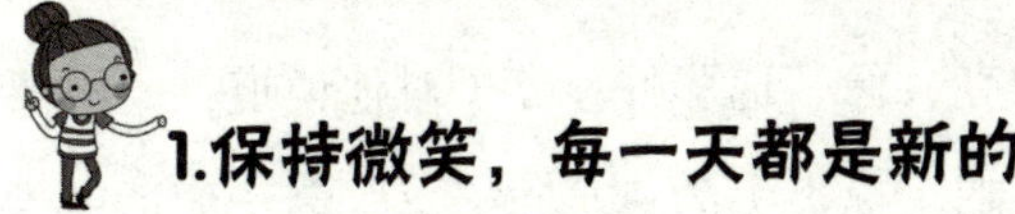

1.保持微笑，每一天都是新的

在现实生活中，微笑无论是对别人还是对自己，都能带来好运气。微笑可以让你开心地面对生活，微笑可以让你充满自信和活力，微笑可以帮助你摆脱困境，重新站起来。微笑不仅仅是一个表情，更是一种状态。它是心灵的阳光，温暖全身。

微笑对于处于顺境中人来讲，是锦上添花，更加夺目；微笑对于处于逆境中人来讲，是前进的动力，是克服困难的勇气。随着生活节奏的加速，我们更应保持微笑，用积极的心态面对每一天。

泰戈尔曾说："当你因为失去月亮而哭泣时，你也将失失去群星。"人的生命是由每一天组成的。每天都仅有一次，无论过得有没有意义，昨天依然过去，不能重来，能把握的只有今天和明天。如果你因为昨天的失误而哭泣，那么你也将会失去今天。

为了生命之花绽放得更加美好，你要保持微笑，无论昨天是多么的不堪，从今天的太阳升起之初，就要告诉自己：每一天都是新的。

有这样一个生意人，原本他的生意做得非常好，夫妻关系也很好。不幸的是，一次投资失败之后，他赔上了全部的家当。这个打击是沉重的，生意人因此一蹶不振。他没有总结失败的教训，而是一味责备自己，为什么要犯下这么大的错误。懊悔和心疼几乎吞噬了他。每天都过得非常痛苦。为了减轻痛苦，他开始酗酒，利用酒精麻痹自己。

看着整日醉醺醺的丈夫，妻子竭尽全力地劝说和开解。然而，效果不明显，生意人依旧沉浸在酒精的麻痹之中，甚至动手打骂妻子。时间一长，妻子再也受不了了，无奈之下，她选择了离开。

妻子的离去更加重了生意人的痛苦，他觉得全世界都离开了自己，生命似乎没有任何意义了。一次醉酒之后，迷迷糊糊的生意人似乎看到妻子从远处走来，还是那么漂亮，像一道彩虹。妻子对他说道：“不要再继续沉溺下去了，振作起来吧，你失去的只是昨天。”妻子的话就像黑暗中的一缕强光，生意人的心一下子亮堂起来。

“的确，我失去的只是昨天，我还有今天和明天呀。”很快，他不再消沉，开始面带微笑地迎接每一天。

生命只有一次，每一天都是一笔无法重来的宝贵资源，为何要将这无比宝贵的资源浪费呢？如果今天用来追悼已经逝去的昨天，那么连今天甚至明天也同样会死去。任由遗憾在哭泣和痛苦中不断长大，不如面对微笑，挥手告别昨天，重新开始新的一天。

人的一生最浪费时间和最没有意义的事情就是悔恨。沉浸在悔恨之中不能自拔，只会徒增伤悲，拖垮自己。因此，我们要告别过去，把每一天都当成是新的开始。用积极的心态去迎接每一个新的开始吧，生命中只要有开始就会生生不息。

枕边箴言

在浩瀚的宇宙中，人的生命是如此的短暂。因为短暂而珍贵无比。我们没有权利将宝贵的生命浪费在毫无意义的痛苦和悔恨之中。不管昨日怎样，今天就是崭新的一天，我们则需潇洒挥手，告别昨天。对生命最好的尊重就是微笑着迎接每一个新的一天。

2.摆脱束缚，超越自我

年纪小的时候，我们都曾经有过美好的梦想，想象着自己成为一个成功人士，光芒四射，被众人羡慕，拥有着强大的能量，可以拯救很多受苦受难的人。那个时候，虽然我们也会隐隐地感觉似乎有些异想天开，但是依然心存希望，任何一切皆有可能。可是，随着年龄的增长，面对现实，却再也不敢提起儿时的梦想。

很多人会说，这就是成长的代价，成人不再像儿童那样毫无顾忌，犯下任何错误都会得到他人的宽恕。事实上，成年之后，“忍耐”的确无处不在，不再想到什么就做什么。这是成熟的表现，但这何尝不是一种束缚呢？

不管年龄多大，每一个人都应该回到童年时代，尤其是在追梦方面。梦想应该有，也必须有，它没有任何的限制，可以天马行空，自由自在。

1954 年以前，人们认为 4 分钟内跑完 1 英里的路程是根本不可能的，没有任何一个人可以做到，因为这样的速度超出了人的承受范围。然而，1954 年 5 月 6 日，一名名叫罗杰·班尼斯特的学生在 4 分钟之内跑完了 1 英里，打破了这一人类速度极限。接着，又有几名运动员陆续打破纪录。此时，人们才明白根本没有什么承受极限，所谓极限只不过是人们自己为自己设限而已。

每个人的身上都蕴藏着巨大的潜力，就像是一个被掩埋的宝藏，需要被发掘。如果你对自己说：“我很平庸，我不可能成为爱因斯坦，毕竟爱因斯坦是个天才。”实际上，你真的不会成为爱因斯坦，不是因为他是天才，而是因为你已经给自己设限，将自己定格在了平凡上，那么你一定是个平庸的人。

挖掘隐藏的内在宝藏，首先需要超越自我，不要为自己设限。一个人的成功有多大，与别人无关，只与自己有关系，即使你现在表现得很平庸，过去表现得也很平庸，但只要你能摆脱束缚，超越自我，释放隐藏在身体内部的潜能，那么，不久的将来，你就一定可以成功。

枕边箴言

世界上只有你想不到的，没有你做不到的。不要为自己设限，相信自己的能量很大，没有任何事情可以难倒你。积极的心态就是心灵的营养，不要畏首畏尾，平庸是因为你在心里甘于平庸。摆脱束缚，超越自我吧，人人都有可能成为爱因斯坦。

3.坦然面对失败，学会放下

一位雕刻师傅手艺非常好，他希望自己的儿子能够继承他的手艺。于是，在孩子很小的时候，他就手把手地传授技能。令他郁闷的是，尽管他教得非常认真，但是他的儿子却始终不能出师。一项简单的技能，他教了很多遍，可是他的儿子就是不会。即便是勉强学会了，一转身的功夫就忘得一干二净。为此，这位雕刻大师非常苦闷。

一位智者听完雕刻大师的倾诉之后，问道：“一直都是你在教导孩子么？”

雕刻大师点了点头。

“那么你教得用心么？”

“当然，我几乎拿出了看家的本领，毫无保留地传授。”雕刻大师说道。

智者听完，点了点头，淡定地说道：“那你的孩子永远也不会成才的。因为他没有失败的机会。”

这就是失败的作用。孩子不经历摔倒是学不会走路的，同样，人们不经历失败是永远不会成功的。正如奇美集团董事长许文龙所说的："失败并不可怕，四周看看有没有可以捡的东西，然后站起来就可以了。"

很多人惧怕失败，一旦经历了失败就仿佛是丢了半条命，再也没有以前的斗志和激情，然后还会可怜巴巴地望向别人，企图寻求安慰。这样的人不值得同情，同时失败也的确是他们成功的障碍。然而不幸的是，这个世界上，没有不经历失败就成功的人存在。而对于智者而言，失败是非常宝贵的资源，他们会坦然面对失败，从中积累成功的经验。

失败是成功之母。失败了不要产生消极的情绪，要正确看待失败。谁都不愿意失败，失败意味着之前的努力没有取得预计的好结果。但是失败也不是一无是处，至少证明你曾经奋斗过。失败也是一种付出之后的结果。从失败中学习东西远比在成功中学到的多。

失败并不可耻，不失败才可耻。因为不失败说明你连尝试都没有尝试，从某种意义上讲这才是真正的失败。做人要拿得起放得下，经历几次失败不足为奇，坦然面对，总结经验和教训，下一次更大的成功在等着你呢。

枕边箴言

不经历风雨怎能见彩虹，不经历失败怎能取得成功。失败是成功之母，从失败中学到的东西比成功中还要多。失败从来不是最终的结局，而是又一个新的开始。

4.你若不坚强，懦弱给谁看

命运对每个人都是公平的，它从来都不会刻意亏欠谁，人生本就是一种承受。在该承受的日子里承受酸甜苦辣，承受每一次命运带给自己的考验。

你可曾想过，世界上有那么多不如意的事情，如若我们每次遇到挫折都一蹶不振，那与懦夫又有何区别。

你必须记住自己再不堪，哪怕粉身碎骨你没有资格也没有理由去懦弱，现在的你不是懦弱的时候，必须学会坚强。

21岁的史铁生双腿瘫痪，1981年检查出患有严重的肾病，1998年开始透析，生活带给他的考验是残忍的，疾病的困扰并未使他掉一滴眼泪。他曾告诉世人他的职业是生病，业余时间用来写作。虽然饱受疾病的困扰，但他没有倒下。他的很多作品鼓舞了无数人，让更多的人坚强了起来。

张海迪，1955年出生于山东文登县一个知识分子家庭，本可以安心学习，但命运对她却极为不公，5岁时小海迪被查出患有脊血管瘤，胸部以下完全失去了知觉，生活不能自理。然而身残志坚的她选择了坚强，没有放弃生命，没有放弃生活。

也许你曾是父母含在嘴里怕化了、捧在手心怕摔了的小宝贝，曾是温室的花朵，经不起风水雨打。但是这个世界是个残忍的世界，是个不会顾惜你个人情感的世界，因此你必须学会坚强。一个人只有内心强大，才能够打败那些小瞧自己的人。

你若不坚强，懦弱给谁看。没有人会一直在原点等你，没有人会一直在你身边安慰你，你需要学会自己从失败中觉醒，找到真正强大的自己，让自己走向成功。

枕边箴言

无论做人还是处世，我们都要做一个坚强的人，一个无坚不摧的人。你看那被大火燃烧的野草，第二年春天又阐述了坚强的含义，因为懦弱只会让自己更加痛苦。做一个坚强的人，你若不坚强，懦弱给谁看！

5.勇于进取，拒绝平庸

卡耐基说：“如果你要的是二流或三流的，你就不会去寻找获得一流的方法，你就永远与一流无缘。如果你坚持要做好的，那么你就会留心观察一流的事物，模仿一流的表现，寻找一流的解决方法。”同理，如果你希望自己是平庸的，那么你一定是平庸的，如果你拒绝平庸，坚持成为最优秀的，那么你很有可能如愿以偿。一个人是否能够告别平庸完全取决于个人意愿。

世界著名赛车手理查·派迪第一次参加赛车比赛时获得了第二名的好成绩。理查·派迪兴致勃勃地跑回家告诉妈妈说：“妈妈，我得了第二名。”

理查·派迪的母亲面无表情地说道：“有什么值得高兴的么？”

“难道第一次比赛就得了第二名不值得高兴么？要知道参加比赛的有35名选手，各个身经百战呀。”理查·派迪解释道。

“在我看来，你完全有能力拿第一名，整天跟在别人的后面有什么可开心的。如果别人有能力拿第一名，那么你也有能力拿到第一名。”母亲说道。

母亲的话深深地印在了理查·派迪的心里。

直至今天，理查·派迪所跑出的纪录，还没被人打破。

刘永好的父母去世得很早。每每回忆起父母，刘永好都会想起父母的话，“你不要畏惧困难，要不断学习，勇于进取，这样才能站得高”。

那时候的刘永好是一名机械工业管理干部学院的教师，工作稳定，也很受人尊重。然而，在那个鄙视“个体户”的年代，刘永好毅然决然地辞掉了工作，做起了个体户。最初，刘永好只是在市场里买鸡鸭。那时候的刘永好非常害怕遇到自己的学生和以前的同事。然而，他知道怕是没有用的，只有硬着头皮勇敢往前闯。在之后，创业最困难的时候，刘永好更是想到过自杀，但是他没有放弃。用他的话来说，“是父亲的教诲救了我”。刘永好知道自己必须勇往直前，也只能勇往直前。就这样，看似漫长的创业之旅其实仅有短短数载，刘永好就成了四川新希望的总裁。如今，他再也不是农贸市场里那位买鸡鸭的小贩，而是引领农副产品市场的领头人。

人人都渴望成功，但是并不是人人都能取得成功。每个人的一生中从来不缺少获得成功的机会，缺少的是抓住机会的能力。唯有不断进取，才能不断增长才能，开阔视野，才能更好地把握住成功的机会，告别平庸的生活。

不拼不闯，怎么能够出类拔萃呢？天下没有白吃的午餐，任何事情都是需要付出一定代价的。我们不能百分之百地说付出和回报一定成正比，但是可以百分之百地说不付出一定没有回报。想要拒绝平庸，就必须勇于进取，敢于挑战别人不敢挑战的事情，即使做错了也不怕，只要肯挑战就是最好的拒绝平庸的方法。

枕边箴言

勇于进取，前方的道路其实并不可怕，无非是荆棘多一点，受到的伤痛多一点，低下头，慢慢来，克服它们只是水到渠成的事情，而平庸也在这个过程中逐渐远离。

第三章

尊重：尊重他人，手留余香

尊重他人亦是尊重自己。无论是生活还是工作，我们都无法逃避人际关系这一话题。一个人只有学会尊重他人，才能让自己的心情更加愉悦，更好地迎接每一天的生活。

1.学会赞美他人，欣赏他人的优势

一般情况下，人们对他人的关注很少，最关注的还是自己。举一个简单的例子，当你和几个好朋友合影时，拿到照片后，首先看的是自己照的是不是好看。正如卡耐基在《人性的弱点》一书中所讲：“只要人们不是在对某一特定的问题进行思考时，那么一般的情况是，他们95%的时间，都会想着与自己有关的一切。”

心理学家认为，在人际交往中，想要调动他人的积极性，就必须给他人所想要的。那么什么是他人想要的？哲学家约翰·杜威认为，人们最根本的愿望是被欣赏、被赞美。

在与人交往的时候，不要总是喋喋不休地讲述与自己相关的事情，要学会倾听，学会赞美他人，发现他人的优势，这样才能激发他人的交往欲望，进而赢得他人的好感。

李朗生活在一个单亲家庭，父母离异，他与父亲生活在一起。由于父亲每天都忙着工作，没有时间管他。因此，李朗很逆反，做了不少坏事。为此，父亲动不动就打骂他。可是父亲的管教不仅没有起到任何作用，反而让李朗更加变本加厉。最后，父亲将李朗交给了一位老师，由他来帮助自己管教。

当那位老师第一次将他领回家时，他的爱人非常不高兴，说道：“你看你把什么人领了回来，这是个出了名的坏孩子，让他住在家里，我们家会受到影响的。”可是老师反驳道：“不可以这样说李朗，他是一个好孩子，非常聪明，只是淘气了一些。”听到老师对自己的评价，李朗惊住了，从小到大，从来没有人夸过自己，就连自己的父亲也不喜欢自己，动不动就打骂，为此李朗激动地流下了眼泪。在这位老师的教育下，李朗没有做过一件坏事情，还主动帮助打扫卫生。渐渐地，老师的爱人也开始喜欢李朗，逢人就夸奖李朗。

正如老师所言，李朗真的非常聪明，各科成绩都很优秀。习惯成自然，久而久之，李朗真的变成了一个聪明伶俐的乖孩子。后来，李朗不仅考上了重点大学，还在毕业后创办了一所学校，专门收像他小时候一样的坏孩子。奇怪的是，这些孩子在毕业时都成了好学生。

一句真诚的赞美，是对他人最好的肯定，能让对方树立信心，拉近彼此之间的距离，激励对方往好的方向发展。

赞美他人，并不是阿谀奉承，也不是不切实际的吹捧。赞美需要真诚，发自内心地欣赏他人。即便对方是一块冷冰坨，只要你真心地欣赏他，赞美他，那么也能拉近彼此的距离。

枕边箴言

真诚地赞美他人，欣赏他人优点，你可以拥有更多的朋友、知己，可以获得更多的温暖和快乐，从而获得幸福的生活。

2.感恩生活，享受当下的美好

亲爱的朋友，当你感到快乐时，你有没有感恩生活？当你遇到困难时，你有没有感恩生活？当你面对他人的指责时，你有没有感恩生活？你的一生不可能永远一帆风顺，当生活中出现不如意的事情时，有的人暴躁，有的人愤怒，有的人唉声叹气，有的放声大哭，但是就是有这样一种人，他们感恩生活，享受当下的美好。

感恩是一种心态，是一种释放善意的表示，只有心中有光明的人，才能感恩，才会以积极乐观的心态迎接每一天。这样的心态，是克服困难的钥匙，任何苦难都不会成为他们前进路上的绊脚石。

一次乘坐出租车出门，闲来无事便和司机聊天。只听司机抱怨道："这活没法干了，天天堵车，烦死了，政府部门也不知道干什么吃的，连个交通都管不好。""应该快了吧，可能前面发生事故了，你看交警正在指挥着。"我连忙说道。司机却不以为然："要是没有这帮交警瞎指挥，都不可能堵成这样。"听着司机的埋怨，我意识到他可能心情不好，于是我决定聊一些愉快的话题。

"你这个车还不错嘛，空间很大，坐着很舒服嘛。"我认为赞美他的车，他应该会觉得开心一些。但是，我想错了。只听司机说道："就算是皇帝的座椅，让你一天十几个小时坐在上面，你也不会觉得舒服，更何况我的车。"听到这样的话，我无语了。在接下来的时间里，我几乎一句话也没有说。

没过几天，我再一次乘坐出租车。一如既往的堵车。可是这个司机师傅却没有因此而烦躁，他放着欢快的音乐，跟着前面的车一步步地向前移动。我问道："师傅，堵成这样你怎么还挺开心的呀？""心情不好也不能解决问题呀，我载着乘客，有生意可做，已经很好了，当然心情好呀。"想到上次的那名司机师傅，我忍不住接着问道："一天十几个小时坐在车里不觉得难受么？"司机笑了："不觉得，我把每一次送客人到达目的地的过程都看成是一次旅游，而且不仅免费还有钱可赚。上一次，送一个客人去一个度假村，一路上风景美极了，我边欣赏风景边开车，心情好极了。"

听着两位司机师傅截然不同的回答，我明白了，生活过得好不好、幸不幸福，与金钱、地位、权力真的没有关系，关键就看你以何种心态面对生活。如果你懂得感恩生活，那么你的生活处处都是美景，时时都是良辰。相反，如果你没有一颗感恩的心，那么再富裕的生活，对你而言也是煎熬。

时不时地问问自己，你的生活好么？如果觉得不好，哪里不好。也许你会说，每天都起大早去工作太辛苦了。那么，我想说你很幸福，工作不仅可以让你学到很多东西，还不用你交学费，反而还会给你工资，这样想来，你难道不幸福吗？也许你还会说，房子不够大，太憋屈了。那么请你想一想，在任何一个狂风暴雨的晚上，你躲在温暖的小屋里望着窗外的狂风暴雨，你真的不觉得自己幸福么？至少雨水淋不到你呀。

生活就是这样，不要总是这山望着那山高，其实你已经很幸福了，要懂得感恩生活，享受当下的美好。

枕边箴言

生活给了你在奋斗之后享有果实的激动时刻，生活给了你久别重逢的喜悦，生活给了你寒冷之后的温暖，生活给了你实现梦想的机会，生活给了你一切一切。我们应该懂得感恩，珍惜眼前的美好，这样我们才能感受更多的美好。

3.热忱友善，真诚待人

热忱友善，真诚待人，是建立良好人际关系的基础。众所周知，在销售行业中，最能推销产品的一定是有诚意的销售员，而非滔滔不绝的销售员。一旦你真诚待人，那么你就会赢得对方的认可，从而产生信任感。

热忱友善，能拉近人与人之间的距离。真诚待人可以在人与人之间建立良好的关系。所谓真诚，就是在与人交往的过程中，不仅为了自己的利益，同时也会顾忌别人的利益和感受。没有人能够一味忍受索求。无论是精神上的还是物质上的，如果没有真诚，那么即便是给予，也会因为缺乏诚意，而让对方生厌。

在现实社会中，有很多不真诚的人。这些人总是将他人看成自己升官发财的资源，甚至为了自己的利益不惜蒙骗别人。最终，他们都被别人无情地抛弃。

美国总统西奥多·罗斯福，深受国民的爱戴，甚至连他的黑人仆人也非常喜欢他。罗斯福总统的黑人仆人詹姆斯·阿默斯曾经出版过一本名为《西奥多·罗斯福，他仆人的英雄》的书籍。在书中，他详细记录了关于罗斯福总统的两个真实的故事。

一次，阿默斯太太从来没见过鹑鸟，便向总统请教，希望罗斯福总统能够简单描述一番。罗斯福总统答应了，并耐心地为她描述了一番。后来，阿默斯太太回到自己的房间。没过多会，电话打了进来，是总统打来的。罗斯福总统说道，现在窗口外面刚好有一只鹑鸟，如果她现在向窗外看去，一定可以看到。这件事情让阿默斯太太很感动，总统非常忙，但是在百忙中还能记挂她。

后来，罗斯福总统任期结束离开了白宫。但是他会经常回到白宫，看到昔日的仆人会热情地打招呼。有一次，仆人亚丽丝告诉他，她做的面包好像不受欢迎。罗斯福总统听完之后，说道："他们的口味太差了！我会告诉总统的。"说完，大家一起大笑起来。仆人亚丽丝端出面包递给罗斯福总统。总统就像一个普通人一样手里拿着面包，边走边吃，还不停地和大家打招呼。这就是罗斯福总统，对待任何人都热情友善、真诚。

事实上，所有人在刚出生的时候，本质上是真诚的，不虚伪，只是一部分人在后天扭曲了人性。

世界上的任何人都不可能孤立存在。人是群居动物，需要彼此帮助、沟通、获取别人的信任。如果你是一名教师，你需要和自己的学生沟通，赢得学生们的信任。如果你是一名老板，那么你需要员工的爱戴，在任何时候，都要有能够与你风雨同舟的人帮助你。如果你是一名地方父母官，平易近人，和群众打成一片，则是你的职责……总之，不管你做什么，永远都离不开良好的人际关系。当然，良好的人际关系，需要我们真诚友善。

枕边箴言

一个热情友善、待人真诚的人一定会赢得他人的喜爱和信任，会拥有良好的人际关系。付出是相对的，你真诚待人，自然别人也会真诚待你。就这样，你会拥有越来越多的朋友，成功也就不会遥不可及。

4.宽宏大量处世，积累人脉

古语说：“大智若愚，大巧若拙。”的确如此。那些真正的智者，表现出来的往往是愚钝的样子。俗话说：“傻人有傻福”，这里的“傻”并不是真正意义上的智力低下，而是指心胸宽阔，不计较个人得失，处世宽宏大度。这样的傻是一种大智慧。这样的傻人看似经常吃亏，却在不知不觉中积攒了很多的人脉。

生命短暂，何必处处算计，宽容大量一些，对人对事忍让三分，别人高兴，自己也开心。

徐阳是一家大公司的人力主管。回忆起自己刚毕业时面试时的情节还历历在目。

和很多求职者一样，徐阳也在网上四处投放简历。可惜大多都石沉大海，杳无音信。这一天，终于有一家公司给他打电话，通知他参加面试。于是，徐阳精心打扮了一番，很快来到了公司。来的一大批面试者，手里拿着各种证书。竞争的激烈程度可想而知。徐阳一路披荆斩棘，终于杀到了最后一个环节。公司要求他们在人力资源部实习三天，然后择优选出最好的。接下来的三天可想而知，为了能够留下，徐阳和其他几名应聘者积极主动地干活，整理文件、制定表格、打印资料等。结果就在第三天即将结束时，他们得到通知，取消这次招聘计划。这就意味着他们这三天的努力表现全部白费了。其他应聘者纷纷表示不满。公司领导也很内疚，不断地道歉，好不容易送走了他们，却发现徐阳依然在整理着陈年的员工档案。部门领导连忙说道："小徐，别弄了，辛苦你了，公司不招人了，我也很为难。"徐阳笑了笑，说道："马上就弄好了，即使你们不招人了，我也不能把做了一半的工作丢给别人。"就这样，徐阳花费了整整一上午的时间，终于处理好手上的工作离开了。

之后两个月，徐阳一如既往地找工作、面试。就在一点进展都没有的时候，徐阳接到了那家公司领导的电话，通知他来公司上班。原来，那位领导对徐阳那天的"傻"行为印象极为深刻，于是为徐阳申请了一个岗位。

二战后，战胜国决定将联合国设立在纽约，等到一切就绪时，人们发现纽约根本没有合适的地方。这时洛克菲勒家族挺身而出，以八百七十万美元的价格在纽约买下了一块地送给了联合国。就在人们纷纷议论洛克菲勒家族的愚蠢行为时，洛克菲勒家族却为自己获得了美国政府以及其他国家的好感，这让洛克菲勒家族在以后的生意中如鱼得水，收获了更多的财富。

做大事的人一定要宽容大量，在人与人之间的交往中，利益上产生纠葛是难免的。这时，如果有人能够主动让出一步，那么就能收获得更多。同时，还赢得他人对自己的信任。这种信任就是发展人脉的基础。

枕边箴言

中国历来有“人敬我一尺，我让人一丈”的说法，千百年来，大多数的人都是这么做的。宽容大量不是“傻”，而是真正的智慧，是积累人脉的大智慧。

5.尊重他人，尊重自己

尊重他人是中华民族的传统美德，体现了一个人的内在修养。每个人都渴望被尊重。当自己受到别人的侮辱时，带来的伤害是刻骨铭心的。尊重他人与尊重自己一脉相承。因为只有对别人表示了尊重，别人才能尊重你，否则你也要品尝一下不被尊重的滋味。

无论是在学习、工作还是生活中，无论是对同学、师长和上级领导、周围的同事、家里的邻居、朋友乃至亲人，都应该给予足够的尊重。因为尊重是一切人际关系继续朝着良好方向发展的基础。没有了彼此之间的尊重，再结实、再铁的关系也会土崩瓦解。

当你在与别人沟通时，不倾听他人的倾诉，完全以自我为中心，滔滔不绝地讲着，这就是对对方的不尊重。对方很快就会意识到，你们之间不是朋友，你不在乎他的感受，只是希望找一个倾诉的对象。而现实生活中，没有人愿意充当这个角色，因为人人都有倾诉的需求。懂得尊重他人，是做人、处世最起码的道德基础。人与人之间相互尊重，相互帮助，求同存异。我们没有理由去仰望一个人，也没有理由去嘲讽一个人。

莫斯科的车站，有不少的流浪者。有一位衣着普通的老人，背着一个大包，行走在旅客的人群中。也许是因为累了，他坐在了月台上休息。这时一个女子，从一列即将发车的火车的窗户对着老人喊道："老人家，火车马上就要开了，我有一个包落在车站的卫生间里了，你能帮我去拿一下么？"老人听完，连忙一路小跑跑到了卫生间，帮助这位女乘客拿回了包裹。女乘客很高兴，顺手递给了老人一些零钱，并表示了感谢。老人很高兴，转身离开而在这节车厢里有一位贵族，看到这位女子的表现，立即和她攀谈了起来，一路上聊得很好，后来他们成为了朋友。这位贵族给了她很多的帮助。

事实上，你对别人的尊重就是对自己的尊重。对他人尊重的行为，与他人本身并没有关系，是显示你自身修养和品行的外在行为。因此，如果你对人表示不尊重，其实是在丢自己的脸，是对自己的不尊重。

枕边箴言

孔子说："爱人者，人恒爱之；敬人者，人恒敬之。"一个人在与他人交往中，如果能够很好地理解他人，尊重他人，那么他一定可以得到别人百倍的理解和尊重。对别人表示尊重，别人就是在尊重自己！

6.放下骄傲，精诚团结

台湾作家刘墉说过："一个人人缘不好，大事小事都只能依靠自己去做，能力再强，又能做多少呢？你的素质再高，如果只是将本身的能量发挥出来，不过能比常人表现得好一点而已；如果能够集合别人的能量，就可能获得超凡的成就。"

一位老干部，非常有才华，在书法和绘画方面颇有造诣。因此，他很骄傲，看不起普通人。因此，在单位他很不合群，觉得大家都不如他有才华，因此总是一副高高在上的样子。自然，同事们也不会喜欢他。渐渐地，大家开始孤立他，组织什么集体活动也不通知他。其他人的工作，大家互帮互助，很快就都完成了。只有他负责的那块，完全依靠他自己。有时候电脑发生了一点小故障，或是遇到其他困难，也没有人帮助他。因此，他的工作完成得不是很好。

在家里也是如此。他的儿子娶了一位普通的售货员，这让他接受不了。他从心底瞧不上这位普通的儿媳妇，以至于在后来很多年一直不理睬他的儿媳妇。他与儿媳妇之间的关系很紧张。

平日里他总是独来独往。家里的亲人劝他多和社区里的其他老人交流，这样会有很多的乐趣。可是他不愿意，因为在他的心里始终看不起这些普通老人。然而，这位一直以艺术家自居的老人，晚年的生活非常不幸福。家庭不够和谐，儿媳妇不孝顺，儿子在中间为难，没有朋友，整日闷在家里生气。没过多久，老人就去世了。去世的原因与他终日郁闷的心情有着直接的关系。

人是群居动物，没有人能够脱离集体独自生活。社会上形形色色的人，各有各的长处，各有各的短处。大家在一起，能够取长补短，共同进步。如果一味地认为自己比别人高贵，那么，你只会被群体排斥。没有了群体，任凭你再有能力也很难独撑局面。

团队精神是企业竞争的核心，在这个团队里，每个人都扮演着各自的角色，如果人际关系处理不好，不团结，先不说团队的工作不能做好，就是个人的工作也不能很好地完成，因为没有人配合你。生活上更是如此，只有家人团结起来才能拥有更幸福的人生。

枕边箴言

不管何时，不管你身处何地，团结的人际关系是成事的重要因素。满招损，谦受益。唯有放下骄傲，谦虚做人才能与他人精诚团结，才能在更多人的帮助下走好人生之路。

第四章

主宰：做心理的主人，直面人生

每个人的人生和命运都应该由自己主宰，而主宰命运的第一步先要主宰自我的心理，建立心理优势。无论你是否成功，都要学会勇于面对人生。

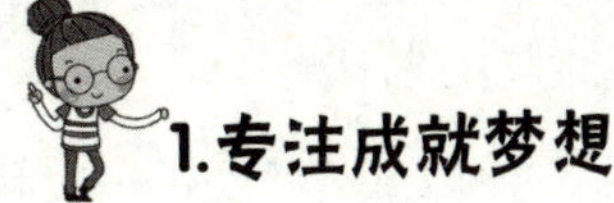

1.专注成就梦想

一个年轻人没有什么手艺，靠四处打零工为生。生活过得很辛苦，每一天都像个没头苍蝇一样，不知何去何从。尝试了很多的工作之后，最后年轻人发现自己喜欢园艺，于是他果断放弃其他赚钱的工作，开始专门为有钱人打理庭院。这个工作让这位年轻人充满灵感。无论工作环境多么恶劣，年轻人都甘之如饴。

一次，在为一位有钱人打理庭院时，年轻人看到了花盆上的花纹。他蹲下来聚精会神地研究，完全忘记了此时正值中午。强烈的阳光，似乎要把大地上的一切都烤焦。年轻人已经是汗流浃背。可是他自己没有意识到。这时，庄园的主人走了出来，见到烈日下的年轻人，说道："年轻人，你的工作已经完成，为什么还蹲在那里，这么热的天气，也不给你加钱，快走吧。"

年轻人说道："我是被花盆上的图案吸引了，所以才蹲在这里研究，与加不加钱没有关系，与天气热不热也没有关系。"

年轻人专注的精神打动了庄园的主人。他决定出钱资助这位年轻人学习雕刻。果然，这位年轻人就成了出色的雕刻家。这位年轻人就是意大利著名雕刻家米开朗琪罗。

是专注成就了米开朗琪罗。如果我们对某些事情保持足够的关注，也一样能取得像样的成绩。

枕边箴言

牛顿曾经说过："专注就像是魔法一样，让我浑身的力气都聚焦在这上面。它带给了我无穷的收获。我需要感谢他。"是的，人一旦专注起来，就没多少干不成的事情。专注就有这样的魔力。

2.相信美好事情的存在

人生不如意之事十之八九，没有谁的人生是一帆风顺的。也许，你经常羡慕别人，认为自己的生活不如别人的好，其实，每个人都有自己的烦恼，只是他人不知道而已。

人生就像一颗种子，想要发芽，就必须经历土壤中的黑暗和孤独。从被播种，到生根、发芽、开花、结果，自然界的一株植物尚且需要历经千难万苦，更何况人呢？然而，尽管生活不易，生活好更不易，可是我们依然要相信美好的事情是存在的。

在非洲干旱的沙海中，经常会见到一株株有四种颜色的小花，虽然体型很小，但是非常漂亮，它被称为“依米花”。依米花的生命力非常顽强，从种子时期到破土发芽，依米花需要经历长达6年的时间。这样漫长的黑暗，没有打倒坚强的依米花，也许在它的思想深处，一直坚信会有美好的事情发生。果然，在一个阳光明媚的早晨，依米花绽放出美丽的花朵，星星点点地点缀着一望无际的大沙漠。看到依米花，人们就看到了生活的希望。的确，一株弱小的植物尚且能够忍受黑暗长达6年之久，只为一朝怒放美丽，何况拥有聪明智慧的人呢？

依米花的花期非常短暂，仅有两天。两天之后，随着花朵的凋零，整株植物也跟着枯萎了。因为在绽放花朵的同时，身体的所有水分也随之耗尽。因此，依米花生命最美丽的时刻同时也是生命终结的时刻。尽管美丽如此短暂，但毕竟曾经美丽过。依米花耗尽生命换来的辉煌时刻，永远地留在人们的记忆中。

一粒种子，无论它多么渺小，卑微，无论它身处何地，上天都会给它开花、结果的机会。不管它的花期多么短暂，在盛开的那一刻，它们都是最美丽的。如果它们选择蛰伏，遇到恶劣的环境就休眠，那么就永远没有开花的机会。人生也是如此，即使此时此刻你正处在黑暗之中，经历着种种磨难，也请相信美好事情的存在，总有一天你的“花期”也会到来的。

著名演员海清，曾以第一名的成绩考入北影，之后又以优异的成绩从北影毕业。当时海清一心只想考入北京戏剧学院，为此她面试了两次，每次都失败了。原因是她不够漂亮，也不会演戏。两次失败的理由都是如此，海清也对自己产生了怀疑。她一度把自己关在屋子里。事实证明，如果当年海清一直消沉下去，就不会有后来的作品。海清很坚强，她相信会有美好的事情发生，因此无论现实情况怎样，她都咬牙坚持着。其实每一个来到这个世界上的人都有属于自己的花期，只不过有的早有的晚。海清的“花期”在她不懈的努力后到来，她主演的《双面胶》《王贵与安娜》《媳妇的美好时代》等一系列高质量作品深受广大影迷的喜爱。

身处黑暗的你们同样也会有“花期”，之所以还没有到来只是条件尚不成熟，只要坚持下去，花期终会到来，美好的事情终会发生。

在困难中、在失落中、在迷茫时、在怀疑自己时，不要轻言放弃，要相信自己，相信会有美好的事情发生。也许好运会在下一个路口等你，如果你此时选择放弃，那么你离好运只会越来越远。

枕边箴言

喧嚣的城市，灯火阑珊之处，你还在沮丧和抱怨么？“命运不公呀，为什么我努力了这么久都没有好结果。”停止抱怨吧，命运是公平的，没有谁能够不经历磨难就随随便便成功，困难一直都在，而我们要做的事情就是坦然面对，努力向前，相信美好的事情是存在的。

3.心中有灯，方能驱逐黑暗

潘多拉打开盒子时，灾难就降临到了人间。然而随着灾难一起降临的还有希望。只有那些心怀希望的人，才能见到胜利的曙光，才能在黑暗中，战胜困难，迎接生命中的太阳。

在我们的生活中，总会遇到一段甚至很多段黑暗的时刻。在这段时间里，生命是黑暗的，是可怕的，没有一丝的光，四处充满绝望。但是只要我们不放弃，心存希望，就犹如在心中点了一盏灯，黑暗会被驱逐，光明终将来临。

一位母亲检查出了癌症，可是她的女儿才四岁，正是需要母亲的时候。她不敢想象女儿失去她之后的情景。于是她试探着问女儿：“宝贝，如果有一天你找不到妈妈了会怎样？”

小女儿很奇怪，“为什么会找不到妈妈，妈妈要去哪里，如果我找不到妈妈，我就会哭，我一哭妈妈就会出现了。”

母亲听到女儿天真的回答，扭过头去悄悄擦掉了眼角的泪水。是呀，她多想陪着女儿长大，可是她没有时间了。于是她笑着对女儿说：“过段时间，妈妈要去天堂，天堂里有一个大花园没有人打理，妈妈需要去打理花园。”

“可是我想跟妈妈一起去。”女儿可怜巴巴地说。

“天堂里不让小孩子去，等宝贝长大了才能去。”妈妈说道。

“那我想妈妈了怎么办？”孩子眼看着就要哭了。

“那宝贝可以去看花呀，世界上所有的花都是妈妈种植的，送给宝贝的。”妈妈的眼睛里泛着泪花，却依然坚强地微笑着。

“那好吧，妈妈一定要在天堂等我，等我长大了我就去找妈妈。”听着女儿的话，母亲忍不住一把抱住了女儿，久久不愿放开。

没过多久，母亲去世了。小女孩没有哭泣，她坚信妈妈去了天堂，妈妈会在天堂等着她。每当她想妈妈时，都会去摘一朵花，因为那是妈妈送给她的礼物。后来，孩子长大了，渐渐地懂得了生死的概念，她知道妈妈在很久以前已经去世了，再也不会回来了，可是她依然会时不时地摘一朵花。因为，在她的心里，鲜花是母亲留给自己唯一的礼物。

事例中的母亲，用尽生命的最后一丝力气，为尚未成人的小女儿留下了盏灯，点亮了女儿的生命，为女儿驱走了即将降临的黑暗。我们在感动母爱伟大的同时，不禁为这位母亲的智慧点赞。一个尚对母亲有着强烈依赖性的四岁孩子，离开了母亲，对她而言意味着什么？这个悲剧，我们每一个人都不希望它发生。可是，这位母亲却在女儿的心中点燃了一盏灯，她留给女儿一个最好的礼物，让女儿愉快、幸福地度过了最难过的时光。

因此，无论我们身处怎样的黑暗中，都要给自己留一丝希望。希望就是我们心中的那盏灯。有了它，黑暗就会被驱逐，光明就会到来。人生难免会有磨难，但是只要心中有盏明灯，磨难终会过去，幸福终会来临。

枕边箴言

在潘多拉盒子的底层，存放着智慧女神雅典娜为挽救人类命运准备的美好东西——希望。只要心存希望，就能看到生活中的美好，就能驱逐黑暗，等待光明的来临。在心中点亮希望之光吧，当灯光闪烁时，你的生命会被照亮。

4.未来不可预知，但值得期待

人们在祝福他人时，经常会说：“心想事成，美梦成真。”这是一句美好的祝福语，代表着对他人美好未来的祝愿。尽管未来不可预知，我们仍要心怀希望，期待着美好。

美国少年斯克劳斯，自小受母亲的影响，喜爱服装设计。斯克劳斯的母亲是当地有名的裁缝。因为家里贫穷，斯克劳斯只能用母亲用过的小布角裁制各种小衣服。由于母亲的布角有限，不能满足斯克劳斯设计的欲望。他便把父亲用来苫盖顶棚的粗布扯下来，做成了衣服，穿在身上，惹来路人的一顿嘲笑。

母亲见到斯克劳斯如此执迷于服装设计，便决定送他到戴维斯的时装设计公司。当斯克劳斯带着自己的作品来到戴维斯的公司，戴维斯的员工们见到也都大笑不止。只有戴维斯先生欣赏他的才华，同意将他留在公司。然而，斯克劳斯执着于粗布衣服的设计。这样的风格不被人们接受，大量的粗布服装积压在仓库里。戴维斯先生也有些怀疑斯克劳斯的设计能力。

最后，斯克劳斯决定将这些粗布衣服卖给非洲的工人们。因为衣服质量好，耐穿且价格低廉，很快库存的粗布衣服就被一抢而空。不仅如此，各地还纷纷下了订单，要求生产更多的粗布衣服。因为，人们逐渐发现，这种粗布衣服不仅穿着舒服，且非常有个性。

直到今天，这种粗布衣服依然风靡，人们称它为牛仔服装。

斯克劳斯的故事告诉我们，不管未来怎么样，我们都应该对它抱有美好的期待。这是一种自信和乐观的精神。

未来一直是人们所关心的重点，为了孩子能有好的未来，父母们省吃俭用，为孩子们报各种辅导班；为了自己能有好的未来，我们起早贪黑，马不停蹄地做事情。的确，未来尚无法预料，但是至少它们有无限的可能。我们不能选择过去，但是我们可以通过努力把握未来呀。

人生难免会遇到挫折，可以流泪、流血，但是请不要对未来失去信心。很多时候，当你觉得已经山穷水尽时，距离成功却只有一步之遥。

人生没有绝境，绝境的产生，只是因为在人们的心中已然放弃了未来，对未来不抱任何的希望。成功者从来不承认绝境，他们认为，再不好的境遇，只要心怀希望，就能柳暗花明，看到胜利的曙光。

福勒先生曾说：“绝境有时候是一条光明大道，他会让你更加奋进，直到到达成功的顶峰。”虽然绝境很可怕，但是更可怕的是绝望。一个绝望的人，即使上天为他们留好了一条康庄大道，他们也会视而不见，一心想要坠落深渊，直至万劫不复。

枕边箴言

世界上从来就没有真正的绝境，有的只是绝望的心境。只要心灵不干枯，再难的处境，也会变成生机勃勃的绿洲。生命之光永远只属于那些真正的勇士，他们不屈不挠，自始至终一直朝着心中向往的方向前进。

5.相信自己，勇敢飞翔

只有相信自己，才能勇敢飞翔。英雄不问出身，只要有足够的勇气和信心，敢于尝试，那么实现梦想只是早晚的事。

亚伯拉罕·林肯是一位伟大的政治家。在他小的时候，家里很穷。父亲为了一家人的生计，做过很多工。小林肯也经常利用课余时间帮助父亲做家务。林肯曾形容自己的童年是一部“贫穷的简明编年史”。即便在这样的环境里，林肯也从来没有怀疑过自己的能力，他坚信自己终有一天会成功。

随着林肯长大，他渐渐涉身政治领域。在那个种族歧视思想根深蒂固的年代，林肯大胆地抨击了黑奴制度。他的勇敢和自信赢得了很多人的支持，同时也触碰了很多人的利益，得罪了很多人。但是，林肯坚信自己的想法是对的，从不因为别人的反对而改变想法。

在他 51 岁的时候，成为共和党候选人，与史蒂芬·道格拉斯竞争总统的职位。当时的竞争场面非常激烈，二人获得的民众支持率不相上下。在这种情况下，任何一个小小的纰漏都会导致竞选的失败。林肯和史蒂芬·道格拉斯都不敢有丝毫的松懈。民众也很为难，不知道该选谁。就在此时，一位记者提问道：“如果让你们自己投票，你们会把手里的票投给谁？”这个问题出乎所有人的意料，大家都静静地看着两位总统候选人会怎么回答。

经过短暂的思考，史蒂芬·道格拉斯表示不知道该怎样回答这个问题。而林肯面带微笑地答道：“我会投给我自己，因为我相信没有人会比我做得更好。”回答得是那么肯定。民众不得不为他强大的自信和勇敢喝彩。最后，林肯赢得了竞选，成为了美国历史上最伟大的总统之一。

自信是迈向成功的大门，是战胜困难的利刃，是开往理想之地的帆船，一个人拥有了自信，就可以战胜一切困难。法国浪漫主义作家罗曼·罗兰曾说：“人能取得成功，亦必只有一个源头，而这个源头唯有自信。”

自信的人，生来就通晓“天生我材必有用”的道理，无论遇到怎样的境遇，都不会怀疑自己。自信不是自傲、自负，自信的人从不信口开河，他们在做任何事情时，都胸有成竹，依然做好了一切准备。

枕边箴言

在人生旅途中，可能会有彷徨和失败，但是一定不要失去信心。自信是成功的根本，是所有能力得以正常施展的内在因素。只有脸上时刻挂着自信的微笑，才能战胜一切困难，勇往直前，绽放生命之花。

第五章

挑战：打败弱势，凸显优势

金无足赤，人无完人，每个人都有自己的优势和弱势。一个人拥有弱势并不可怕，可怕的是你不敢面对最真实的自我。你需要挑战自己的弱势，打败内心弱小的根源，重塑强大内心。

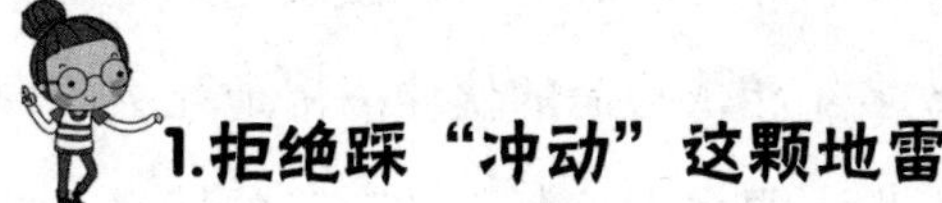

1.拒绝踩“冲动”这颗地雷

情绪是一个人心情好坏的直接体现。自然，任何人不可能永远保持好心情、好情绪，生活总是会出现这样那样的困难、问题，来打扰人们的心情。然而，一个心智成熟的人不会任由自己被情绪牵着鼻子走。他们会非常霸气地向全世界宣布：“我的情绪我做主！”

萧炎的父母常年在国外，为了安抚孩子孤独的心灵，他们在萧炎12岁生日时，送给他一只可爱的金毛。萧炎非常喜爱这只可爱的小狗，吃饭、睡觉都抱着它。很快，萧炎和这只小金毛建立起了深厚的感情。在萧炎的心里，它不只是一个宠物，而是自己的好朋友、好兄弟。自从有了这只金毛的陪伴，萧炎的心情开朗多了。

一晃数年过去了，萧炎早已不是当年那个无知的少年。如今的萧炎虽然已经是个顶天立地的男子汉，却依然与他的金毛朝夕相对。这只金毛像亲人一样守护了萧炎整整10年之久了。有一天，萧炎和朋友一起出趟远门，将金毛独自锁在家里。等到第二天回家时，萧炎发现金毛不见了。这下可急坏了萧炎，他扔下行李，跑到楼下疯狂地寻找。终于，在自己窗户的草丛里发现了它。萧炎看到它的一瞬间，金毛也看到了萧炎。一阵欢喜之后，金毛立即飞跑着扑向萧炎。可是，萧炎的气还没有消呢，就在金毛扑过来的瞬间，萧炎狠狠地踢了它一脚。只听金毛一声惨叫，身子蜷缩成了一团，眼睛里流露出了对萧炎的不解。可能是萧炎一气之下，用力太大，金毛竟然久久没有起来。萧炎也意识到了下脚太重了，赶紧跑过去抱起金毛。它看起来非常痛苦，双眼紧闭，全身发抖。

萧炎有些后悔了，赶忙抱着金毛回家了。第二天，萧炎便发现金毛死去了。想起这些年和金毛在一起的情景，萧炎懊悔不已。

冲动是魔鬼，由于萧炎没有控制好自己的情绪，被愤怒冲昏了头脑，做出了不理智的举动，导致多年相依为命的伙伴凄惨地死去。现实生活中，这种事情也是时有发生。很多人控制不住自己的情绪，导致出现了自己无法面对的结果。

通常人在冲动之下，大脑处于异常短路的状态，这个时候做出的任何决定和举动都是不理智的，是没有经过思考做出来的。往往这些冲动的行为和决定都是错误的，不是本心。我们要尽量避免这种低级错误的产生，尽可能地让自己不要踩“冲动”这颗地雷。

真正强大的人，喜怒不形于色。事实上，每一位成功人士无不是情绪管理的专家，不以物喜，不以己悲，从不因为情绪而影响自己和他人，影响事态的正常发展。管理情绪不是简单的盲目压制，而是要像治理洪涝一样，进行自我疏导。喜怒无常、动不动就发脾气、易冲动……不能很好地控制自己的情绪，必然会导致糟糕的后果。

枕边箴言

当你无法控制住自己的情绪时，请清楚地告诉自己：冲动是地雷，贸然踩上去，会被炸得粉身碎骨。其实生活中，没有那么多令人丧失理智的事情，只要我们敞开心胸，多一点理解和包容，就能成为纷乱中的居士，平静淡然。

2.焦虑是牵绊性格的绳索

在人的一生中，时不时地会出现特定依附心理发展期。在这个阶段里，人们会与近身的事物和人产生一种特殊的依赖关系。当与他们分开时，就会出现明显的心理波动，心理学上将这种心理波动称为焦虑。

焦虑分为很多种，除了分离焦虑，还有恐惧焦虑、紧张焦虑等。一般来说，每个人都会有焦虑的情绪，只是程度不同而已。有的人能够很好地控制内心的焦虑，不会产生严重的后果；而有的人则不能很好地控制焦虑的情绪，最终导致严重的后果。

佟月对自己的母亲有着很强的依赖心理。尽管她今年三十岁了，依然像个孩子一样，处处离不开自己的妈妈。佟月去年有了自己的孩子。心疼女儿的妈妈决定帮助她带孩子。看着别的年轻人自己带孩子，佟月觉得自己真幸福，总是自由自在的，不用操心孩子。

近两天，佟月看上去憔悴极了，再也没有了往日的神采。一问才知道，原来佟月的父亲在老家不小心弄伤了手，母亲只好回到老家照顾父亲。这样一来，佟月就需要自己照看孩子了。这让佟月有种莫名其妙的焦虑。“我能照顾好孩子么？”“万一他生病了怎么办？”佟月觉得母亲离开了，自己就没有了主心骨，她慌乱极了。

母亲也是非常不放心，在离开的前一天，她拼命地往家里买吃的，担心自己的女儿和外孙吃不上饭。果不其然，妈妈离开没有多久，孩子就生病了，嘴里和嗓子上长出了很多小泡泡，疼得孩子彻夜啼哭、水米不进。佟月更是着急。此时此刻，看着可怜的孩子，她连死的心都有。“怎么办呢？要不然我带着孩子回娘家吧？”佟月和老公商量着。老公生气了，“你已经是一个成年人了，孩子原本就应该我们自己带。处处依赖别人，什么时候才能长大。”老公的话击中了佟月的软肋，她默默地低下了头。

现在的九零后中间，就有很多这种没有断奶的成年人，他们几乎都经历过与家长分离的焦虑时期。他们害怕有压力，也害怕竞争。在对手面前，在困难面前，他们往往不会坚持，非常容易屈服。他们性格懦弱，虽然也有自尊心，但是他们更愿意用自尊心换取片刻的安宁。

焦虑的人，永远成不了强者，他们总是有太多的担心。他们犹如一只只肥羊，当狼群来临时，不会勇敢地冲上去，用坚硬的犄角撞击强敌，而是窝在土堆后面，哆哆嗦嗦，任人宰割。

事实上，他们过得并不好。对于那些处在焦虑之中的人而言，获得辉煌的成就是不可能的，他们总是被各种恐惧、忧愁包围着，看不见前方的路，也没有勇气抬头看路。正如法国著名文学家蒙田所说："谁害怕受苦，谁就已经因为害怕在受苦了。"焦虑的人害怕、忧虑，殊不知他们此刻正在因为害怕和忧虑而受尽折磨。

焦虑的情绪刚开始的时候很难克制，一旦最难的那个时间段过去了，稍稍转移一下注意力，就不会那么焦虑了。与其沉浸在焦虑中不能自拔，不如先学会释放自己，控制一下不良的情绪。坏情绪就像一个炸药包，如果最初不加以控制，那么发展到最后往往会把自己整个毁掉。

枕边箴言

欲望是进步的动力，但是贪欲太重就会让自己陷入焦虑的情绪中。我们不妨降低心中的欲望，知足常乐，将人生过得简简单单、快快乐乐就可以了。

3.过度抑郁会断送人生

人在社会上生活，无论职位高低，都会或多或少地承担很多的压力。这些压力让坚强的人更加有动力，懦弱的人则会因此郁郁寡欢，在心里默念："什么时候才能好起来呢？"然后又接着抑郁。

长时间的过度抑郁会损害人的身体健康。当我们身体出现各种问题时，一切都来不及了。没有什么比健康更重要。任何的成就和财富都需要有健康的身体来享受。

除此之外，过度抑郁也会影响人的心理健康。一个没有健康心理的人，看着蔚蓝的天空都是灰色的。世界对于他们而言，几乎没有任何的美好可言。

一天，可乐去拜访一位客户。但是可惜，可乐失败了，他们没有达成协议。可乐非常沮丧，回到公司之后，他向领导简单阐述了一下事情的经过。领导听完，说道："明天你可以再去一次，这一次你要面带微笑，带着愉快的心情和客户沟通。"第二天，可乐按照领导的指示，再一次拜访了客户。这一次，他们沟通得非常愉快，客户被可乐的愉快情绪感染了，合同很快就签订了。

这次的经历，让可乐深受教育，想到自己和妻子结婚已经十年了。因为沉重的经济压力，可乐很抑郁，以至于根本没有精力去关心妻子。因此，他们的婚姻生活似乎也不怎么幸福。可乐决定改变一下，看看能不能让自己的婚姻更幸福一点。

新的一天里，可乐对着镜子将自己整理得朝气蓬勃，然后愉快地做起爱心早餐。当妻子坐下来吃早餐时，他微笑地给了妻子一个吻。妻子惊讶不已，脸上重新流露恋爱时期的羞涩。接下来的时间，可乐和妻子每一天过得都非常幸福。

家庭幸福了，可乐的精神面貌就更好了，总是经常偷偷笑。见到同事也非常热心地打招呼。人际关系比以前好多了，业绩也提升了一大块。可乐真的感受到了生活的美好。此时此刻他再也不想回到以前抑郁的生活状态了。

人生需要摆脱抑郁，拥有好心情。但是，好心情不是从天而降的。压力时时刻刻都存在，想要摆脱抑郁，就必须调整好心态，拥有一颗积极强大的内心。

首先，不要与他人过度攀比，要和自己比。今天比昨天更好，就值得开心。正所谓，人外有人，天外有天。如果总是和别人比，那么总会有比你好的人。这样的比较没有任何意义，只会让自己陷入抑郁和压力之中。

其次，要学会知足，知足者常乐。人性的“贪婪”是一切坏心情的根源。只有坦然面对人生的得与失，遇事多往好处想，才能拥有一份恬然、开朗的心情，才能摆脱抑郁，迎接美好的生活。

枕边箴言

快乐没有太多的附加条件，可以富有也可以贫穷；可以拥有权力也可以是普通的公民；可以成功也可以失败，一切都不重要，只要拥有一颗强大的永不抑郁的内心即可。

4.自负会阻碍你的成功

成功离不开自信。有自信是好事情，可以激发人的潜能，超越自我，展示出最美好的自己。但是，这里需要注意，自信不等于自负。

自负的人不是自信过了头，而是漫无边际、不切实际的空想。这样的人古今皆有。

关羽，字云长，三国时期的名将。曾经水淹七军，名震四海。但是，这样一员虎将最终竟落得个身首异处的结局。关羽之死和他太过自负有莫大的关联。

历史评价他说“颇自负”。其实，最初的关羽也不自负。当年他们兄弟三人，南征北战，居无定所，那时候的关羽不自负。随着刘备势力的不断壮大，身边越来越多的人对他百般吹捧，渐渐地，关羽有些飘飘然了。从这时开始，他就有些自负了，觉得自己是战神，没有人能打败自己。

更要命的是，关羽在刘备攻取益州后，坐镇荆州数载，以为自己管理下的荆州如铁桶一般牢固。就这样，关羽开始变得自高自大、目中无人起来。

诸葛亮是一个聪明绝顶的人，他对关羽镇守荆州是不放心的。他问关羽：“如果曹操、孙权同时进攻荆州，该如何是好？”怎料关羽竟大言不惭地回答：“分兵拒之。”在他的眼中，以他一人之力，收拾掉曹操和孙权根本不在话下。面对如此自负的关羽，诸葛亮送给他八个字：“北拒曹操，东和孙权。”但关羽已经自负到连诸葛亮也不放在眼里的地步了，根本没有将这八个字放在心上。

事实上，在曹操和孙权联合出兵攻取荆州之前，孙权的谋士顾雍曾经向关羽提议联姻，加强双方的关系。怎料关羽不仅不答应，反而出言讥讽：“虎女焉可嫁犬子。”当众辱骂孙权的儿子是“犬子”，孙权岂会善罢甘休，必然大怒，当即便下定决心与曹操结盟。

后来的事情，众所周知。与其说关羽“大意失荆州”，不如说关羽“自负失荆州”。事实也是如此，关羽丢掉荆州的根本原因并非他大意，而是他太过自负。

自负是成功路上的绊脚石，随着你爬得越高，自负的心理越容易产生，当然所付出的代价也会更惨重。自负的人，往往自视过高，过高地估测自己的能力，小看他人的能力，以自我为中心，听不进别人的任何意见。产生自负的根源在于家庭乃至周边的人一味地赞美和夸奖，加之确实取得了一些成绩，便更加觉得自己了不起了。

如果一个人的生活不是一帆风顺，经历过一些挫折和打击，那么这样的人很少会产生自负的心理。反倒是那些生活得顺风顺水的人，盲目乐观，更容易形成自负的性格。

现在社会上的很多年轻人，都是家中的独生子女。从他们一出生便成为家中的小皇帝、小公主，父母宠着，老师护着，渐渐地就会养成自负的个性。当一个人只看到自己的优点，看不到自己的缺点时，就会自负，好大喜功，最终迷失自己，与成功背道而驰。

枕边箴言

自负的人，过高地估计自己的能力，成功时夸大自己的能力，失败时则完全归咎于客观因素，导致无法准确地认识自己，最终成为成功路上的巨大障碍。

5.不该犯的错误一定别犯

在社会上混久了，想要逃离，只想到一个没有人认识自己的地方，去过“采菊东篱下，悠然见南山”的清闲生活。这样的想法，是现在很多不如意的人的共同心声。其中的一部分人，只是想想而已，到了下一秒又该干什么就干什么。而另一部分人，他们真的选择了躲避，或是窝在家里，或是找了一个没有人认识自己的地方。总而言之，他们把自己封闭起来了。

楚飞是一家房地产公司的财务会计。一直以来，长得漂亮的她都是众人眼中羡慕的对象。不仅如此，她还很有钱，开着宝马上班，酷极了。

周围的同事忍不住问她：“你这么年轻，怎么这么有钱呀？”楚飞笑了笑：“我有一个有钱的老爸呗。”

一次，财务公司审核公司的账务。工作人员指着其中一笔抵账的单子，对财务经理说：“这个单子有问题，你们自己查一下吧。”于是，财务部展开了秘密的审查。这一查真是让人大跌眼镜。一连四笔这样的单子都是楚飞签署的，以莫须有的债务冲抵公司的房产。足足套了公司四套房产。财务部出现了如此巨大纰漏，一个小小的制单员，竟然能轻轻松松地做假账，老板愤怒了。为了防止事态进一步恶化，也为了防止楚飞逃离，公司老总们商量了一个方案——假装宣称集团老总要在总部接待所有的财务人员，共同研究公司的成本节省问题。就这样，一辆巴士载着包括楚飞在内的三十名财务工作人员，来到了位于外地的公司总部。车辆一到，楚飞就被有关人员控制起来了，进行相关的询问和调查。

试想一个刚刚步入社会没多久的年轻人，如何能够应对专业人员的调查和询问呢？没过几天，事情的来龙去脉便被问得一清二楚。原来楚飞利用职位之便，伪造虚假单据，骗取了公司四套房产。得手之后，快速出手，总共卖了四百多万人民币。公司的老总一直本着宽容待下的原则，从不为难手下的员工。这一次，楚飞的行为触碰了他的底线，他听完工作人员的汇报之后，毅然决然地说道：“立即报警，移送司法机关，通知法务部马上起诉。”

就这样这位年仅二十三的年轻人，还没有来得及好好地奋斗一番，便将自己稀里糊涂地送进了监狱。由于金额巨大，楚飞被判处了十五年，几乎是经济案件中刑期最高的处罚了。对此，楚飞的父母四处申诉，希望可以减轻女儿的刑期。在他们看来，他们的孩子还小，只是一时糊涂犯了错。他们甚至表示愿意倾家荡产赔偿女儿给公司带来的损失。可是，这一切都显得那么的无力。也许，最初楚飞真的是一念之差，没有想太多，可是错误犯下了，没有人能够逃避惩罚。

对于今天的局面，楚飞接受不了，想到自己要在黑暗的监狱里度过十五年的时光，几乎是她的全部青春，她郁闷极了。在监狱里，她封闭自己，不和任何人说话，也不见自己的父母。尽管监狱的工作人员一直开解，但是此时此刻，任何语言都无法走进她的心里。在一个夜黑风高的夜晚，楚飞用一条床单结束了自己的性命。

人这一生总会犯下很多错误。有的错误可以改正，带来的后果也不是很严重，而有的错误则不然，所带来的后果真的很严重。古人常说："一失足成千古恨"，说的就是这个道理。这告诉我们，不能犯的错误，一定不要犯，否则人生会赔进去。

枕边箴言

人活一辈子，肯定会犯错误，但有些错误千万不能犯。一旦犯了这种错误，大好青春会赔进去。

第六章

包装：人靠衣装，心灵更需要包装

每个人都是一张白纸，每个人都渴望五彩缤纷的画面。要想拥有五光十色的图片,你需要学会包装自己,拥有内心强大的武器,充实自我，做一个强大的人。

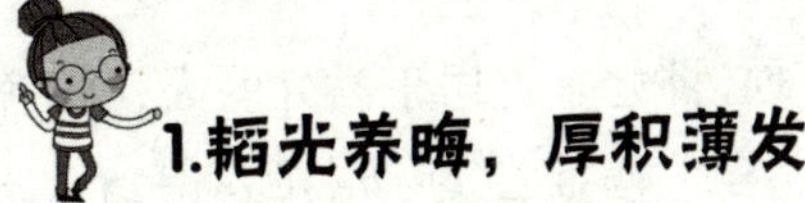

1.韬光养晦，厚积薄发

历史上，有很多伟人之所以能够成就伟业，得益于他们懂得隐藏自己的实力，韬光养晦，厚积薄发。“宁可有为而示无为，万不可无为而示有为。”在为人处世中，示弱不仅可以安身立命，还可以蒙蔽敌人，在敌人不注意时给予致命一击。

自然界中，有一种瓢虫，当它们遇到危险时，就会将身子缩成一团，停止不动，任由对方拨动，就好像死了一样。然而，过了一会儿，当对手放弃它时，它又会动起来。人们管这种伪装称为“假死”。

还有一种鸟，当它们孵卵时，遇到强敌进攻，它们会展开双翅，与对方决斗。在决斗的过程中，它们会假装受伤，然后逃离。通常情况下，敌人都会上当，去追赶那只受伤的小鸟。等到敌人远离自己的巢穴时，看似受伤的小鸟立即精神起来，用飞快的速度逃走。它们之所以伪装成受伤的样子只是为了将强敌引开，从而保全巢穴中的卵。

大自然的动物们在面对危险的时刻，尚且能够做到伪装自己，韬光养晦，何况我们人类呢？

历史上的阿斗皇帝刘禅，一直是教育人们的反面人物。所有人都觉得他软弱无能，是个笑柄。然而，正是这个笑柄，在蜀国战败之后，没有向其他亡国之君一样不得善终，而是平安度过了余生。就这方面而言，刘禅是非常聪明的，他懂得示弱，用懦弱的外表混淆视听，为自己赢得了生存的机会。

当时的实权派司马昭一直对刘禅心存戒备，种种试探，试图让刘禅露出其面目。对此，刘禅将自己伪装成“愚钝”的样子，最终骗过了司马昭，使得司马昭放弃了对他的戒心。

曾有人说：“高明的枪手收枪比出枪还要快。”这是一种韬光养晦、以退为进的处世哲学。“木秀于林，风必摧之。”居于高处的人，很容易招来别人的非议和嫉妒，因此学会伪装，韬光养晦，等待时机，是明智的选择。如果没有曾国藩的韬光养晦，恐怕在他平定太平天国之乱后，早就人头落地了。

人生活在一个复杂的集体中，不同的人有不同的想法，为了保全自己，你不得不学会伪装自己，韬光养晦，厚积薄发，切不可四处张扬，树立了很多自己都不知道的敌人。在某一关键时刻，他们跳出来，绊了你一下，让你摔得很惨。

枕边箴言

楼高易倒，树高易折，所以要韬光养晦，厚积薄发。太阳升至最高的时候，就会下落，月亮圆满的时候，就开始亏缺，而人的气势过盛了，上天就开始削弱他了。因此，在实力最强的时候，韬光养晦，方可远离不好的事情。

2.夹缝中求生存，泰然处之

一位探险员在野外进行探险时，来到一片热带雨林。这片雨林，附近根本没有什么人家。走了好远，才远远见到一户人家。低矮的房屋早已破旧不堪。走进院落，竟然和动物园差不多，不同的笼子里装着不同的小动物。

这所院落的主人是一位年近九旬的老婆婆。她见到有人来非常高兴，说是今年第一次见到外人。她将探险员让进屋子，没过一会儿就端上来几个菜。两个人边吃边聊。原来，这位老婆婆曾经也是大户人家的孩子，父亲是个生意人，经常带着她天南海边地走。那时的时光是她最开心的日子。

后来，战争爆发了。在战争中，她失去了所有的亲人，孤身一人流落到了这里。从此，这位老婆婆便一直生活在这里，从未离开过。日子难过时，她会一连数天没有食物。后来渐渐习惯了丛林生活，经常会布置一些小机关，捕捉一些小猎物，还时不时地招待一下过往的路人，日子也渐渐地好过起来了。

探险员问她，“这样度过自己的一生，觉不觉得遗憾？”老婆婆说：“的确有些遗憾，因为我还没有学会跳舞，上一次的客人中有一位会跳舞的姑娘，教了我几次，可惜我还没有学会，他们便走了。”探险员一时说不出话来，他没有想到老人最大的遗憾竟然是没有学会跳舞。老人感受到了年轻人的惊讶，说道：“在我小的时候，和父亲出门时，见过会跳舞的姑娘，当时觉得她们可真美。所以学跳舞一直是我的心愿。人无论身处何地都要泰然处之。也许在你看来，我的人生非常凄惨。事实上，刚开始来到这里我也这样觉得，只是时间长了，渐渐学会了如何在丛林中生活，也慢慢发现了生活的乐趣。”

看着老人离去的身影，年轻人不再觉得她的背影孤独、可怜，而是觉得她的背影非常坚强，就像崖间的小草。

现实生活中，并不是每一个身处夹缝的人都是怨天尤人、自暴自弃的，他们即使身处生存的夹缝中，也同样会感受到生活的美好。当一个城里人坐在开着空调的高级轿车里开到大山里的农家时，看着院子里的农妇忙着为客人张罗饭菜，灶台四周烟熏火燎的，她不敢想象农妇是怎么忍受过来的。可是农妇那沾满汗水和污渍的脸颊上依然挂着幸福的微笑。是的，每个人都有不同的生活方式，优越的贵妇生活是一种生活方式，辛勤劳作的农家生活不也充满乐趣么？

俗语说：“既来之，则安之。”生活中，无论身处何种生活环境都应该泰然处之。因为即使你现在生活在夹缝中，依然有奋斗的权力。你想要改变现有的生活，应该通过自己的努力，奋发图强，去争取自己想要的生活。

枕边箴言

或许你生活在社会的最底层，正经受着生存的考验。但是，每个人的人生都有低谷期，并不是所有的成功者都是衔着金汤勺出生的，他们也曾经历过前无出路、后无退路的局面。但是他们都能泰然处之，在夹缝中寻得新的出路。这就是生命的美丽之处。

3.戒骄戒躁，平凡但不平庸

经历多了，见的人也多了，久而久之，竟然觉得人生最美好的生活就是平凡的生活。事实上，每个人都在过着平凡却又不平庸的生活。我们要做到的是，享受平凡的生活，但不能平庸。人生最奢侈的拥有是一颗不平庸的心，一个人有了不甘平庸的信念， 即使是平平凡凡的生活也能过得有滋有味，乐趣无穷。

拥有一份喜欢的工作，拥有一副好身体，拥有一个宁静祥和的午后……这就是平凡人的生活。这样的生活充实，踏实，却不平庸。生活是一种经历，更是一种感悟。用心去感悟生活，你会欣赏到太多太多的不一样。

曾几何时，梭罗说，“蓝知更鸟用背驮来了苍天，我在白睡莲的清香里闻不到妥协的味道。而我们却这样日复一日地妥协于这个堂皇而崇高的世界，在一种隐形的规则里逐渐失去棱角，被打磨成如出一辙的圆。星光黯淡，我们再也找不到自己最初闪光的锋芒。”生活是残酷的，在岁月的冲洗下，所有的石子都变得圆滑，不再有棱角。人们也是如此，渐渐地没有了太多的个性，开始接受平凡的生活，但是请不要平庸，不能安于现状，要继续往前冲。

出生仅十九个月的海伦·凯勒，因为一次高烧，变成了一个又聋又哑又盲的残疾人。这意味着海伦·凯勒从此将失去所有的光明和声音，不仅如此，她还不能表达自己的内心世界。海伦·凯勒与这个世界彻底隔绝了。她还不如一个生活在孤岛上的人，因为那样她至少还能看到蓝天与大海，听到海浪的声音。

面对这黑暗和静悄悄，海伦·凯勒绝望了，她又急又躁，觉得生活没有了意义，生命没有了意义。就在海伦·凯勒万念俱灰的时候，莎莉文女士出现了，带给海伦·凯勒很多快乐。海伦·凯勒用手摸着莎莉文老师的嘴巴，一点点地学说话。难度可想而知，但是海伦·凯勒坚持下来了，凭借着一颗不屈服的心，她掌握了法语、拉丁语、希腊语、英语四种语言。海伦·凯勒成功了，她不仅考入了哈佛大学，还创作出杰出的文学作品《我的人生故事》。

海伦·凯勒做到了很多正常人都没有做到的事情。她的生活平凡又不平庸，处处充满了永不服输的精神。

人的潜能是巨大的，不要稍稍取得一点点的成绩就骄傲起来。事实证明，你还差得远呢，还有很多路要走，要戒骄戒躁，踏踏实实地走脚下的路！

没有人否认平凡生活，但是平凡的你要有不甘平庸的心，要脚踏实地，戒骄戒躁，生命不息，追赶不止。也许你会说，我并没有骄傲，我只是不喜欢平凡，想做一个不平凡的人。那么，我想说，世界上所有的不平凡的人都是在平凡的生活中成长起来的。平凡的生活才是孕育伟大人物的摇篮。

枕边箴言

平凡并不等于平庸。一个人可以拥有平凡的生活，但绝不能拥有平庸的心态。平凡的人，可以普普通通，可以默默无闻，可以与世无争，但必须有目标、有追求。没有目标和理想的人生，是平庸的一生。不能因为拥有的是平凡的生活，就可以一事无成、浑浑噩噩、碌碌无为。

4.挖掘潜能，展翅翱翔

潜能是指隐藏在人类身体内部的能力。许多事实表明，每一个人的身上都隐藏着巨大的潜能没有被挖掘出来。人类的潜能是个伟大的奇迹。就比如，人类的大脑具有极大的贮存量。那么究竟有多大呢？可以存储全世界所有书籍的内容。面对这样的存储量，你又真正利用了多少呢？

实际上，一个普通的人所展现出来的能力只是潜能中的冰山一角。现代科学研究表明，伟大科学家爱因斯坦，穷尽一生时间，也只用了自身能力的30%就创造出了令世界瞩目的科研成果。那么一般人呢，又将自己的潜能挖掘出多少呢？相信恐怕连5%都不到，绝大部分潜在能量随着生命的结束，永远处于休眠状态了。

乔·吉拉德，世界上最伟大的推销员。1929年，乔·吉拉德出生在美国的贫民窟。由于家庭的原因，乔·吉拉德很早就参加工作，做过报童、擦鞋匠、洗碗工、送货员等等。他在社会的最底层摸爬滚打好多年，一直都没有取得成功。他没有朋友，所有的远方亲人也都远离他。在最难的时间里，乔·吉拉德的妻子和孩子甚至没有吃饭的钱。

乔·吉拉德为了养家，决定从事汽车销售。他将自己全部的热情和精力都投入到了销售事业中。乔·吉拉德见人就递名片。无论是行走在大街上，还是在商店里，他利用一切机会，推销着汽车。功夫不负有心人，很多事情就是这样，只要你真的努力了，一定会有回报的。乔·吉拉德在从事汽车销售行业仅仅3年时间，就成了世界上最伟大的销售员，平均每天卖出6辆汽车。

乔·吉拉德被认为是能向任何人卖出任何产品的销售员。他的成功得益于贫苦的生活。当一个人连最基本的生存都成问题时，他的潜能量会被激发出来。这是人类的本能。

很多时候，我们经常听到别人议论说，越是读书少的人取得的成功越大，看来读书多不是一件好事。其实，一个人能否成功与读书多少没有太大的关系，相反，如果做得博览群书，自身的能力会更加强大，那么取得成功的几率应该更大。为什么正好相反呢？原因就是没有读太多书的人，没有机会获得很好的工作，不能借助他人的平台让自己的生活无忧。因此，他们的生活很贫寒。为了能够拥有好的生活，改变低人一等的现状，他们只能拼了。正是这种拼命的精神，让他挖掘出自身的潜能，从而展翅翱翔。而那些读书多的人，因为他们的生活无忧，因此他们没有拼命的勇气，激发不出内在的潜能，所以他们创造奇迹的机会就少。

这就是人类的潜能量，它拥有着做成任何看似不可能事的事情的能力，但是想要挖掘它需要一个条件，那就是坚决想要做成某件事的决心。这种决心是激发潜能的重要因素。人类是一种非常奇怪的动物，如果没有坚定的决心，人类的惰性就会打败理性，一再地放松自己，从而不可能激发出内在的潜能。

想要挖掘自身的潜能，你需要将自己逼到绝境，这样才能拥有“不达目的不罢休”的决心。有了这种坚定的决心，没有什么事情可以难倒你的。

枕边箴言

人的潜能是巨大的。这种潜能可以将人类从死亡的边缘拉回来。既然能够驾驭生死，还有什么事情是做不成的呢？正如现在一些科学家所预言的一样，“终有一天，我们会发现人体有能力使自身再生。这不是指医学手段的新发展具有了在人体内更换各种零件的技术，而是人体潜在力量的巨大作用”。

5.循序渐进，等待最佳时机

循序渐进，是指按一定的顺序、步骤一步步取得进步。《论语·宪问》中记载道：“不怨天，不尤人，下学而上达，知我者其天乎。”对此，朱熹解释说：“但知下学而自然上达，此但自言其反己自修，循序渐进耳。”循序渐进是进步最好的状态。

该追求的时候勇敢追求，该放弃的时候勇敢放弃。在人生的道路上，有很多的事情可以做，也有很多的选择，但是无论你做什么事情都要循序渐进，不可贪功冒进，要耐心等待最佳的时机。

世界是多彩的，世界也是多变的，大多数人活在这个世界上都会平淡地过一生。没有气壮山河，没有丰功伟绩，可是每个人都有选择的权利。知足，然后甘于平庸；不知足，然后努力奋进。无论你选择哪一种生活，都不可冒失，要保持清醒，循序渐进，才能奋发有为。

1872年，上海来了一名犹太人，名为哈同。24岁的哈同，年轻力壮，却身无分文。因为自己既无资本，也无特殊的技能，于是哈同决心先立足，再图其他。哈同凭借着外表，在一家洋行找到一份看门的工作。在别人看来哈同相貌堂堂，高大威武，当一名看门员的确有些屈才了。而哈同却不那么想，他认为“千里之行始于足下”，看门赚来的钱可以维持自己的生存，让他能够积攒力量，为了以后能够做大事情。哈同在工作岗位上，认真负责，忠于职守。到了下班时间，哈同利用一切可用时间阅读各种经济和财务的书籍。很快，哈同的知识增进很快。洋行的老板非常赏识哈同勤奋学习的精神，将他调到业务部门做办事员。岗位换了，哈同的心态并没有改变，他一如既往兢兢业业，做出了良好的工作业绩。就这样，哈同又被提升为领班、经理等。步步高升的哈同，此时已经积攒了足够的财富。他没有忘记最初的梦想，认为时机到了，条件成熟了。于是，哈同果断地辞去了工作，独自创业，开始经营自己的商行。

“哈同洋行”依然秉持着哈同循序渐进的习惯，以经营洋货买卖为主。随着资本的增加，哈同开始逐渐涉及高利贷和房地产行业。盘子越做越大，哈同也成了上海滩有名的大富豪。

“罗马不是一天建成的。”不论干什么都要循序渐进。在印度洋的海岛上，有一种红“嘴”薄命的鸟。它们为了吸引异性，一心想让自己变成嘴巴最红的鸟。想要把大量的胡萝卜素集中在嘴巴的位置上，导致胡萝卜素过量，从而影响鸟儿正常的免疫功能，最终导致红“嘴”薄命的命运。

由此我们不难联想到自己，很多人并没有比那种笨鸟聪明多少。很多时候人们为了加快成功的步伐，不惜透支生命，导致生命过早地被耗费。这样的人，即使他们最终取得了成功，但是却失去了健康的身体，得不偿失呀。其实，我们的一生很漫长，足够我们有时间循序渐进地做事情，根本没有必要一下子把生命的能量全部释放出来，造成“出师未捷身先死”的凄惨结局。

枕边箴言

生命如同一张银行储蓄卡，只有不断地往里面存钱，才能细水长流，在需要的时候取出钱来。做事情也是一样的，要循序渐进，等到我们有了足够的实力，才能把握住最好的时机，一举获胜。

6.淡然处世，率真自然

人的一生不如意的事情非常多，心中的苦闷能对人倾诉的也很有限。这个时候，如果能够淡然处世，率真自然，那么生命将会更加美好。

想要拥有成功、想要成为众人眼中的女神、想要获得财富，过富裕的生活……很多时候，我们想要的东西真的很多很多，得到了这样，又瞄上了那样，像一个永不知足的贪婪鬼。不知道哪一天，忽然间觉得自己心心念念想要的这些，都不再有意义，开始超凡脱俗，看淡了一切。这才发现，生活原来这么美好，世间的风景原来这么美丽。就连普通的闪电雷鸣都别有一番风味。

一个人想要摆脱物欲横流的思想，很难，真的很难。人生的牵绊太多，放不下的东西太多，这些沉重的东西就像是沉重的包裹，压得我们一点点地失去了率真自然的美好天性。“率真自然”是多么美好的天性，就像孩童时期无邪的微笑，滋润着生命中的每一天。

人生中的“淡然”，才是最好的味道。淡然能够让原本迷失的率真自然重新显现，让波涛澎湃的心平静下来。

大诗人苏轼，在人生最苦的时候，所有的朋友都离他远去，怕受到他的牵连。只有一个马梦德，为生活窘迫的苏轼申请了一块荒地。自此，苏轼再也不是威风八面的大学士，而是耕种于东坡荒地上的苏东坡。

在东坡种田，在东坡写诗。此时此刻的苏轼觉得自己以前那种你争我斗的生活恍如过眼的云烟，一点意义都没有了。如果生命可以重新来过，他再也不会卷进无聊的政治争斗之中，他情愿做一个农夫，醉心田园。

苏东坡的心情很好，每天日出而作，日落而息，闲暇之时写出了最美的诗句。他的灵魂进入到了淡然的境界。与以前不同，他开始欣赏周边的东西，田间的幼苗、天上的白云、热闹的街市、朴实厚道的农民……一切都变得美好。即使偶尔遇到一些不愉快的事情，苏轼也能坦然面对，不争、不气、不计较。

苏东坡在品尝完人生的酸甜苦辣之后，爱上"淡"的味道。就像是吃惯了山珍海味的人，爱上了乡间野味一样。他回归自然，回归率真，放下了一切，品味到了生活的真谛。

人生最美的循环就是无论贫穷与富裕，无论拥有权力还是不曾拥有权力，从始至终都保持心中那种最原始的淡然，最纯洁的率真。这是一种生活的态度，豁达、明朗，难能可贵的恩赐。

不要太过为难自己，不要在物质生活中陷得太深，更不要在尔虞我诈中浪费生命，时间是宝贵的，生命只有一次，没有什么比活出率真自然的自己更重要。"我本将心照明月，奈何明月照沟渠。"不是你没有机会，而且你甘心沉溺于纷乱之中。

苏东坡写道："回首向来萧瑟处，归去，也无风雨也无晴。"人生本该如此，做一个淡然的人，放慢生活的脚步，让自己的内心回归自然，找到真正的归宿，建立属于自己的精神花园。也许我们最终无法真正摆脱现实的困扰，但是只要心中尚存淡然，那么我们的内心就会有安宁。

枕边箴言

在这物欲横流的世界上，不要让世俗捆绑住心灵。每个人都渴望拥有一份宁静自然的生活，但是他们的心灵却被金钱、权力、利益所污染，使得这份原本简简单单的愿望变成了可望而不可即的梦。用深山中最清净的泉水，清洗一下心灵吧，抛开那些束缚自己的俗物，恢复生命最初的样子吧。

第七章

蜕变：坚固如磐，未来胜券在握

你的内心应该坚固如磐，经历过风吹雨打愈加坚不可摧。未来虽然不可预知，但我们要主宰自己的人生，把握自己的未来!

1.与其抱怨，不如认清自己

《秘密》一书中是这么描述的：“一个人若是一直想着人生的黑暗面，并把焦点放在过去的困境，他就会一直活在过去的不幸和失望之中。”这就是心理学家们常说的“吸引力法则”，主观思想决定客观现实，心里怎么想，生活就会发展成心里想的样子。

李靖的性格深受家庭的影响，多年来一直生活在儿时家庭的阴影下，苦不堪言。从小李靖就生活在一个贫穷的家庭里，他的父亲是个名副其实的赌鬼，整日里游手好闲，喝酒赌钱，还动不动就打骂李靖和他母亲。李靖的母亲终日以泪洗面，不想如何改变现状，一味地拿李靖撒气，骂孩子不学好，不进取。就这样，小小的李靖两头受气，成了全家人的出气筒。

幸运的是，在这样的环境下，李靖居然考上了大学。摆脱了父母，李靖开始了自己的生活。可是，家庭对他的影响实在太大了，尽管李靖非常优秀，毕业后拥有一份好工作，但儿时的不幸依然深深地印在了他的身上。除了工作，李靖没有自己的爱好，他不善与人交往，内心极度自卑，自尊心极强，对他人的一个眼神都非常敏感。对此，李靖一直归咎于自己的父母，他不能原谅他们，对他们充满了怨恨和抱怨。而且，因为自己的童年缺少关爱，李靖不懂怎样爱别人，怎样和人交流，因此，他不懂得体谅别人，对于别人的错误总是不断抱怨，以至于身边没有一个朋友。

每每提起自身的种种缺点，和现实生活的种种不如意，李靖总免不了把自己的父母抱怨一通。然后带着这种抱怨的情绪，继续重复着以前的生活。事实上，不良的情绪是存在一定的暗示性的。如果你一直处于抱怨和执拗中，那么生活会向着不好的方向发展。

多一些有价值的、积极的暗示，才会驱动生活越来越好，才会让人更加专注、更有动力，做出更好的成绩；而那些毫无意义的抱怨有什么实质上的作用呢？它们只会增加不良的情绪，最终导致人们作茧自缚，深陷泥潭不能自拔。

无论过去怎么样，不管我们现在身处怎么的境遇中，都要心向太阳，这样我们才能远离抱怨，远离不良的情绪困扰，把自己目前的工作做好，认清自己，进行自我改造，方能破茧成蝶，获得新生。

枕边箴言

拥有一颗强大的内心，才能抵御外界的侵扰。面对过去和现在的种种不公，与其永无止境地抱怨，不如从自身做起，培养乐观开朗的性格。只有这样，你才能拥有幸福的人生和美好的生活。

2.学会化解痛苦

你的内心应该坚固如磐，经历过风吹雨打愈加坚不可摧。未来虽然不可预知，但我们要主宰自己的人生，把握自己的未来！

用佛家的话来说，世间六道轮回处处充满着危机，处处皆是痛苦。尽管所有的人都不愿意接受痛苦，但是没有永远快乐的人生。所有的生命体都要面对痛苦，经历危机，这是无法改变的事实。

面对痛苦，有的人选择默默忍受，有的人选择化解。前者是被动服从命运的安排，后者则是靠自己的力量企图征服命运。人类自远古时代开始，就在不停地征服自然，改变命运。因此，人类成了高级动物，成为了万物的灵长。

然而，人类也有懦弱的一面，很多人都没有征服痛苦的勇气，因此，他们不停地渴望幸福。这一点，很多低级动物也是一样，它们希望痛苦的事情快点过去，开心快点降临，然后，美好的时光就在这种毫无意义的期待中度过。

面对痛苦，我们不应该忍受，要想办法解决、转化，将危机变成转机，将痛苦化解掉，充分调动自己的力量和智慧，这才是人类的本色。在面对痛苦时，如果能够正视，然后妥善地转化、利用，那么痛苦就不一定有害，危机中不一定没有转机。相反，如果连以正常姿态应对的能力都没有，只能被动接受，那么痛苦只会让你痛不欲生、心烦意乱，甚至想要因此放弃生命。内心的坚强和脆弱或许与遗传基因有那么一点关系，但是更多的是与人们后天的教育环境、成长环境、个人习惯息息相关。那因为一次考试成绩不理想，与心仪的学府失之交臂的人，随随便便就选择了轻生，他们对痛苦的恐惧和屈服令人不忍相看。事实上，这点所谓的痛苦，在人的一生中，算不了什么。而你如果连应对这样的痛苦的能力都没有，那么，你的确有点愧对生命了。

所以，我们要学得坚强一些，不要让痛苦轻而易举地攻下我们。

从前有这样一位国王，从出生起就过着奢靡的舒适生活，甚至连床上的丝绸都觉得不够柔软。就这样，他还总是觉得生活不够舒服。他不能想象他的老百姓每天早出晚归，辛苦劳作，是怎么忍受过来的。

后来，因为一些意外，他失去了王位，成为了一名普通的老百姓，与之前奢靡的皇宫生活彻底无缘了。现在的他每天需要走上十几里的山路去山上砍柴，然后将砍好的柴卖掉，才能有钱买粮食，维持生计。这位曾经的国王，一开始觉得很痛苦，但是为了能够生存下去，他只能坚持。

久而久之，他已经非常习惯了这种生活，日出而作，日落而息。尽管晚上需要睡在硬邦邦的木板床上，但是他却比以前睡得香甜多了，一觉起来总是神清气爽的。于是，这位国王就成了一名非常快乐的砍柴工。

事实上，世界上的一切精神上的痛苦都来源于我们自身的执着。没有丝绸铺床，床就不能睡了么？所谓的痛苦，只不过是以前你曾经经历了很多幸福的事情。只有放下过去，着眼于现在，你才能彻底除去痛苦的根源，避免以后发生类似的痛苦。

现实生活中的痛苦，有的来源于对金钱的执着，有的因为情感、疾病、权力等等，想要战胜这些痛苦，就必须从自身寻找痛苦的根源，转化痛苦的方法，就是改变自己。

枕边箴言

痛苦会让人意志消沉，失去斗志。人活着，总得有点精气神，不能任由痛苦主宰自己。从痛苦中超脱，成就精彩的人生。

3.锲而不舍，在寂寞中突破

俗话说，“不积跬步，无以至千里”。成功从来不是一蹴而就，而是需要一点一点的积累。在这个过程中，你需要忍受孤独，拥有锲而不舍的精神，不能半途而废。正如荀况在《荀子·劝学》里所说：“锲而舍之，朽木不折；锲而不舍，金石可镂。”说的就是这个道理。

孔子是我国春秋时期著名的思想家、教育家、政治家，儒家学说的创始人。他之所以能够成为古今文人尊崇的圣人，与他自小锲而不舍的勤奋是分不开的。孔子在三岁时开始学习识字，到四岁的时候，已经认识数百字了。别人眼中的天才，来自于勤学苦练。

这一天，孔子的母亲告诉他说："明天我要考察你昨天学习的内容。"

孔子听完之后，尽管之前已经练习了数遍，但是仍然觉得第二天要早早起来再练习几遍。

晚上的时候，孔子与哥哥在一起睡觉。他将自己第二天要早起起床读书的事情告诉哥哥。哥哥很是心疼他，就对他说道："你不用早起出去练习，就在我的肚皮上练习吧，我能感觉到你写的对不对。"

于是，孔子就在哥哥的肚子上写了起来。每写一个字，孔子就大声念出来。渐渐地，孔子的声音越来越小，到最后只能听到孔子均匀的呼吸。哥哥望着已经熟睡的孔子，又心疼又欣慰。

功夫不负有心人，孔子通过了母亲的考核。母亲非常惊喜，自己的孩子竟然是个天才，一天的时间竟然学了这么多字。她不知道，在这背后，孔子付出了多少努力。

事实上，世界上根本就没有所谓的天才，所有人成功的背后都付出了很多汗水和泪水。坚持一下，坚持一天，坚持一个月，可能很多人都能做到，一直坚持，无论遇到什么困难都不放弃，就不是每个人都能做到的。

荀子说："积土成山，风雨兴焉；积水成渊，蛟龙生焉"，意思是说：泥土经过一段时间的积累会成为高山，风雨就会在这里兴起；水流经过一段时间的积累就会成为深渊，蛟龙就会在这里生长。圣人的话告诉我们，不积累一步半步的行程，就没有办法达到千里之远；不积累细小的流水，就没有办法汇成江河大海。

成功是需要不断积累的。在积累成功资本的过程中，我们就如同在风雨中艰难前行的船只，很寂寞，但是我们不能中途放弃，要坚持下去。这样我们才能最终抵达成功的彼岸。当自己实在撑不下去的时候，在心里默默地告诉自己，也许再多坚持一下，成功就到来的。很多事情就是这样，如果你能够再坚持一秒钟，可能事情就会有转机了。"山重水复疑无路，柳暗花明又一村”，说的就是这个道理。当事情看似无解的时候，距离突破难题的日子就不远了。

枕边箴言

上天将成功的机会洒向人间，能不能把握住机会，就看你有没有强大的心理素质。每一次坚持都是对生命最完美的补充，因为你的坚持，你能很好地把握住成功。生命贵在坚持。做任何事情只有锲而不舍地坚持到底，才能够在最后一刻参悟真谛，获得质的飞跃，从而拥抱成功。

4.善良的人心态最美

母亲信仰佛教，有供奉菩萨的习惯。对于这个习惯，我表示理解，每个人都可以有自己的信仰，但是信佛真的可以消灾避难么？我也是这样问母亲的。她给我的回答是：“我信善良。”母亲的回答一直回荡在我的脑海里。很多年过去了，每当我到了做出选择的时候，这句话就会被想起，指引着我在物欲横流的社会中保持“善良”。

善良的人是最美丽的，善良的人同样拥有着美丽的心态。

当不懂事的小男孩为了找妈妈，只身跑上车来车往的马路上时，一名正在指挥交通的交警迅速地飞奔过来，一把抱起了孩子。这一刻，不管那名男孩的父母有没有真诚地向这名交警说声谢谢，他已经成了很多人心中最美、最帅的交通警察。救人源自本能，这位交通警察的本能反应，让人们看到了“善良”的美丽。相信这个善良的人同样拥有着美丽心态。

日本明治时代有一位著名的南隐禅师，修行很高，经常一两句话就能给人指引。这一天，一位将军前来拜访他，问道："什么是天堂，什么是地狱呀？"并请求南隐禅师可以带他去天堂和地狱走一走。

南隐禅师面带鄙夷，问道："你是做什么的？"

将军说道："我是一名军人。"

南隐禅师说道："就你这副模样也能成为军人，简直是军人的耻辱。"

将军听完，勃然大怒，准备动手好好教训一下南隐禅师。南隐禅师镇定地笑了笑，"你不是要我带你到地狱里看一下呀，现在你就在地狱里了。"将军顿时醒悟，是呀，因为他人的一句话，就要动手打人不是地狱是什么？

于是，将军真诚地向南隐禅师道了歉。南隐禅师说道："看，现在你又到了天堂。天堂和地狱就只在你的一念之间。"

的确如此，善与恶都存在于人的心中，一念天堂一念地狱。我们在做任何事情时，都要以善为本，摒弃邪恶，这才是最美丽的心态。

善良是一种修养，一种处变不惊的气度，一种坦荡，一种豁达，一种难能可贵的真性情。记得有人曾说："人心不是依靠武器征服的，而是依靠善良征服的。"善良就如一缕阳光，让人觉得温暖、亲和。

善良的人懂得宽容，懂得包容，能够真诚地对待他人，因此，也能得到他人的宽容与包容，得到友谊、亲情、爱情。善良的人就是在这样的和谐、温暖的环境中成长，无论周边的大环境怎么恶劣，他们总能独善其身，出淤泥而不染。

善良的人总是能够在危机的时刻化险为夷，因为他们懂得微笑，懂得道理。天地间的正义自有天地来维护。大多数的人都是讲道理、懂仁义的。一个善良的人是不会招惹不必要的麻烦的。因此，邪恶离他们很远。"物以群分，人以类聚"，说的就是这个道理。只有那些内心充满罪恶的人才会与危险为伍，时时刻刻将自己置身于险境。

善良的人或许有些小脾气、小任性，但是他能够及时反省自己，看看自己有没有给他人造成伤害。他们能够及时改掉自身坏习惯，从而越变越好。

枕边箴言

真实的生活不会一帆风顺，我们无法选择也无法逃避。但是无论如何，也要保持那份“善良”，用善良的心态去面对生活，发现生活中的美丽。当你心中有“善良”时，你的生活就能充满阳光。

中篇 活在当下，简单地生活

第八章

朋友：结识朋友，道路坦荡

海内存知己，天涯若比邻。每个人一出生都并非一个单独的个体，生活工作都需要我们学会结交朋友，认识不同的人，体验形形色色的人生，共享生活的美好。

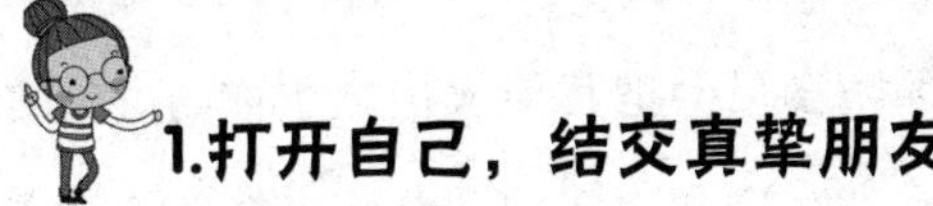

1.打开自己，结交真挚朋友

有一句话叫“要想打开别人的窗，就要先打开自己的门”，这句话的意思可以理解为，如果你想和人结交，就要先打开自己，打开身心，这样对方才有向你靠近的可能。

其实这个道理大家都懂，但是在做的时候很多人却发现困难重重。在和其他人交往的过程中，许多人发现自己不知道如何与人建立联系，也不知道如何与其他人保持联系。面对这种情况，他们自己也很苦恼，他们常说：“我不是高冷，也不是不想和对方交流，只是我羞于和对方打招呼。”确实，“害羞”“不好意思”成了太多人人际交往中的绊脚石。因此，要想和其他人顺利交往，首先要把这块“绊脚石”挪开。

周彤是一位性格内向的女孩，毕业之后进入一家企业做总经理助理，这个职位让她的同学羡慕不已，纷纷说她是走了好运，但是她在这个岗位没干多久就被调离岗位了。原因是，她从来不主动和同事打招呼，总是同事找她聊天，而且总是“一问一答”式的聊天。时间久了，大家也就不再找她聊天了，周彤和同事的关系陷入了僵局。其实周彤也不想这样，她只是不知道如何打开自己，让自己融入集体当中。她这种性格让老总发现了后，觉得她不适合做总经理助理这个职位。就这样，她失去了一个好机会。

生活当中，如果敢于打开自己，就能增加自己与他人的亲密度，但是前提是你要敢于打开自己。要想打开自己，可以先从主动打招呼开始，只有主动与他人互动，才能与他人建立联系，交流也才能开始。所以，日常当中，不要总是闷不作声。

不过在生活中，人们多少都会有一些防御心理，与人相处也多是谨小慎微，生怕有些话说得不恰当，得罪了对方。其实有防备心理是很正常的，但是不要过度，因为过度的防御只会把其他人拒之于你的心门之外。当大家无法走进你的内心，也就无法和你成为朋友，良好的人际关系也就无从谈起。

因此，要想拉近与其他人的距离，就要打开心扉，少一点防御心理。其实在人际交往中，过度的防御心理看似是在保护自己，其实是在关闭自己友谊的大门。当你把心门关上之后，不光对方走不进你的心，你自己也走不出那所紧闭的“房子”，当然也就无法与其他人相识、相知、相交。所以说，要想结交到真挚的朋友，有一份可贵的友谊，首先要做的是打开自己，让对方能够认识你，这样才有交往的可能。

枕边箴言

其实每个人都有一些隐秘性的东西，而这些东西正是其他人感兴趣的地方。如果一个人能够在其他人面前打开自己，对方也会投桃报李，与你结交，这样两个人才能建立起真挚的友谊。

2.真诚待人，方能赢得真心

事实一再证明，一个人的人际关系有多和谐，人缘有多好，不在于他多么能说会道，也不在于他多么八面玲珑，而在于这个人是否是以一颗真诚的心在和对方交往。有人曾说：“信任的建立，需要真诚的日积月累；信任的崩溃，一句谎言就够。”事实确实如此，如果要想让对方真心相待，就必须真诚对人。因为只有真诚才能赢得对方的信任，让对方对你投以真心。

心理学家曾做过一项研究，他们罗列了数百个形容一个人人品的词汇，然后让人们从中选出人们喜欢的词汇，调查结果显示，人们选出的最认可的形容人品的词汇中有 6 个与“真诚”有关，而让人们最讨厌的形容人品的词汇则是“虚伪”。这说明真诚能够让人们觉得安全，因而也受到人们的欢迎；而虚伪则让人讨厌，他们很难交到朋友。

通俗地说，真诚就是一个人说实话，办事实，不撒谎，不虚伪，这也是人与人交往的根本，也是人与人亲密的根源。我们常常会说某某人缘很好，说某人很有人格魅力，其实他的好人缘和人格魅力的基础就是真诚，正因为这个人待人真诚，所以很容易赢得人心，也就让这个人显得很有亲和力，很有魅力。所以，对人真诚一点，实在一些，就能获得更多与人合作的机会，也能获得他人的真心相待。

但是生活当中，我们总是充满戒心，讲究“逢人只说三分话，不可全抛一片心”。诚然，我们不反对在与人交往的时候谨慎一些，但是面对相知的朋友，我们应该坦诚、真诚，如果面对好朋友我们依然充满戒心，说话说三分，做事留一手，那就根本谈不上坦诚相见了。这样的相处方式也不利于稳固友谊，时间久了，朋友在你那里得不到真心，自然也就不会对你付出真心，友谊也就破裂了。因此，想要得到朋友的真心，就要先对别人敞开心扉，坦诚相见。

著名翻译家傅雷先生曾说：“我一生做事，总是第一坦白，第二坦白，第三还是坦白。绕圈子，躲躲闪闪，反易叫人疑心。你要手段，倒不如光明正大，实话实说，只要态度诚恳、谦卑恭敬，无论如何人家都不会对你怎么样的。”可见，真诚才是和人相交的最基本的准则。

心理学家研究发现，在人际交往过程中，人们都希望他人能够对自己真诚，但是自己却往往想把内心闭锁起来，而且还想让对方信任自己。这种矛盾的心理很普遍，不过这样的心理却很难交到知己。俗话说：“真心换真心”。只有真心对待别人，才能换来他人的真心回应。如果你对其他人藏着掖着，对方也会对你三心二意，这样的交往有什么意思！

因此，要想交到知己好友，就要付出真心，以城相待，这是交友的基本准则。一个人只有常怀诚心，才能赢得对方的真心，也才能不断拓展自己的人际关系，才能获得更多成功的机会。

枕边箴言

真诚的价值在于可以置换，当你以真诚的态度和朋友相交时，朋友也会报以真心。一个人要想赢得朋友的真心，就要做到襟怀坦荡，光明磊落。虽然每个人都有一些隐私，但是刨去这些隐私，我们没有什么不可以和朋友分享，也没有隐瞒的必要。当你真诚地对朋友倾诉时，朋友也会从你的诚实中感知你的可信，对你也就会真心相待。

3.算计是朋友相处的大敌

朋友相处原本是一件很简单、很快乐的事情，但是出于现实的考量或者因为私心作祟，朋友间的相处反而变得不那么简单了。很多时候，朋友之间的交往充满了功利、算计，而这些都将破坏朋友间的感情，可以说是朋友相处最大的劲敌。

张燕和李颖是大学同学，还是同一个寝室的姐妹。四年的相处让两个人成为了无话不谈的好朋友，毕业之后，两个人通过努力一起进入了本地一家知名企业，而且还进入了同一个部门。

刚参加工作的时候，两个人都是新人，平时也互相照应，共同进步。

可是一段时间之后，公司打算从她们这一批入职的员工中选出一个送到国外去深造，为期两年。这个机会对她们来说非常诱人，自从知道这个消息之后，李颖就开始有意识地疏远张燕，张燕邀她一起逛街、唱歌，李颖总是以各种借口推脱。

这天下班之后，两个人一起去见另外一个好姐妹。路上，张燕向李颖诉说着自己的烦恼。原来，张燕最近交了一个男朋友，两个人正处于热恋期，而公司又给了一个出国深造的机会，这让张燕非常为难。她既想争取这次出国深造的机会，又不愿意离开男朋友。听完张燕的诉说，李颖的心中有了异样的想法。

第二天，到了公司之后，李颖走进了主管的办公室，将张燕近期的情况向主管做了汇报，并表明自己没有这些负担。

三天之后，出国参加深造的人员确定了下来，李颖如愿以偿获得了这个机会。张燕也松了一口气，不用在男友和出国之间两难了。

这时张燕还不知道自己其实是出国深造的第一人选，只是因为李颖在背后搞了小动作，自己才失去了这个出国深造的机会。

在李颖出国的前一周，公司为她举办了欢送会，在欢送会上，主管和张燕聊起了这次出国深造的事情，并表示张燕因为恋爱错过这次机会真的很可惜。这时张燕才知道自己为什么会输给"好闺密"李颖，因为关于男朋友和出国的事，他只和李颖说过。

在这件事情之后，张燕彻底断了和李颖的联系，在李颖出国期间，张燕一次都没有和她联系过。

李颖虽然得到了一次出国锻炼的机会，但是也永远失去了最贴心的朋友。

其实不管在生活中，还是在工作中，和人相处最好少一些算计，因为算计过多只会让周围的人失去对你的信任，你的人际关系必然也会被自己算计得一塌糊涂。

其实这个道理大家都懂，过度的算计只会让朋友疏远自己，但是在利益面前许多人失去了理智，过于考虑自己的得失，反而忽略了友谊的重要性。这些过于在意眼前利益的人，虽然会得到一时的利益，但是时间久了，身边的朋友认清他们的秉性之后，必定不会再与他们深交。

所以说，朋友相处不要总想着如何不吃亏，如何占便宜，这样只会让你的朋友离你而去。朋友相处应该豁达一些，不应斤斤计较，这样友谊才能牢固、长久。

枕边箴言

精于算计的人往往事事计较，他们在计较中失去了平常心，失去了友善心，失去了真诚，而没有了真诚的相处必然不会长久。精于算计的人往往很焦虑，他们总是患得患失，对周围的人充满怀疑，而这些怀疑又会影响他与朋友的相处，最终也会成为友谊的绊脚石。所以，在和朋友相处的时候，不要斤斤计较，这样才会让彼此相处更加轻松、愉快。

4.相处而并非时刻依赖

和朋友好好相处当然有必要，但相处也应该有一个度，超过了度就会给自己、给朋友带来不必要的麻烦。

韩东是一个非常讲义气的小伙子，大学毕业之后留在了北京，几年之后有了自己的家庭。但是自从有了家庭之后，韩东越来越觉得和朋友关系过分密切也成了问题。

以前的韩东喜欢和朋友聚会，但是现在他越来越怕接到朋友的电话，尤其是老家那些发小的电话。因为这些发小给他打电话基本都是找他帮忙，因为他们觉得韩东留在了北京，还买了房子，肯定是出人头地了，所以就隔三差五地麻烦韩东，“帮我联系一个专家，我要去北京看病”“过几天我去北京，你带我逛逛北京”“你帮我捎点……回来”。其实这些事情并不算难办，但是每次都要耗费韩东大半天时间。有的老乡来了北京之后，不住旅馆，偏偏挤到韩东家里，走的时候还要带走一些他们认为的“旧衣服”“旧物件”。

可是这些朋友走了之后，韩东妻子的脸色要难看好几天，时不时还要和韩东吵一架，但是韩东却不能回嘴。

其实出现这种情况，错不在韩东，而在韩东的那些发小身上，他们太依赖韩东。这样的依赖不仅让韩东觉得累，还连累了韩东的家人。

其实生活中的我们都需要朋友，也都需要和朋友沟通感情。但是朋友相处要保持一定的距离，不能过于依赖自己的朋友。过于依赖不仅会影响朋友的生活，还会失去自我。

朋友之间确实存在相互帮助的必要，但是相互帮助不等于过度依赖。人与人之间的关系很微妙，走得太近或太远都会影响两个人之间的关系，所以在相处的时候一定要把握好度。一方面不要太疏远朋友，一方面也不能太依赖朋友，只有拿捏好这个度，友谊才会长久。

枕边箴言

朋友友好相处是个很有玄机的问题，走得太近，会出麻烦，走得太远彼此会生疏。那么该怎么办呢？谨记一点：相处时不要麻烦到别人。让人不舒服了，朋友相处就会出问题。

第九章

定位：学会定位，界定身份

你是一个什么样的人？纷繁复杂的社会，你是否会迷失自己，迷失了最本真的自我？浩瀚星辰，每个人都有自己的位置，都有自己的身份，不允许他人改变。

1.学会倾听，才能受人欢迎

日常生活中，相信很多人都有这样的印象，就是那些能说会道的人很受欢迎，因为他们总是很有人气。其实不然，心理学家研究发现，善于倾听的人反而更受欢迎。北大心理学教授认为，之所以善于倾听的人更受欢迎，是因为日常生活中，当人们遇到了不开心的事情时，总是想找人倾诉。想要倾诉的人要比倾听的人更多，他们想要把内心的苦闷诉说出去，所以人们总希望有人来倾听自己的苦恼。

如果对方想要倾诉的时候，你不给对方发泄、倾诉的机会，他就会对你不满，认为你不够朋友。如果你给对方倾诉的机会，那么他就觉得受到了尊重，你也就在他那里留下了好印象。所以说，善于倾听的人更受欢迎。

苏格拉底也曾说过："上天赐人以两耳两目，但只有一口，欲使其多闻多见而少言。"这句话的意思是说，人有两个耳朵一张嘴，就是为了少说多听。而倾听也确实是搞好人际关系的基础。所以，在和人交往的时候，切忌唠叨起来没完，要学会认真倾听，这是一切良好习惯的基础。

董力是一家公司的老板，他是一个很注重员工情绪的老板。为了了解员工的情绪、心理状况，他会时不时把员工叫进办公室，听他们诉说心事。

最近，董力觉得销售部的小陈总是心事重重，工作上总出纰漏。这天上班之后，董力把小陈叫进了办公室，说道："你平时工作很用心，最近怎么总是出错呢，是不是有什么事情影响到了你？"

听到老板问话，小陈说道："对不起，经理，最近家里确实发生了一些事情，影响到了我的工作状态……”接着，小陈就把家里的事情，还有心里边的苦恼向老板倾诉了起来，董力只是默默听着，不时表示一下关心，开导一下小陈。虽然最后董力并没有给小陈提供什么帮助，但是经过一番诉说，小陈的心情明显好了许多，也不再心事重重了。

其实不管是生活中，还是工作中，要想建立良好的人际关系，倾听是必不可少的手段。但是要真的做到认真倾听不是一件容易的事，因为比起倾听，人们更热衷于倾诉。另外，人们都有表达、表现自己的欲望，更愿意有人倾听自己的倾诉，而不是自己倾听他人说了些什么。所以，要想做一个合格的倾听者，首先要有耐心，能够耐心地听对方诉说；另外还要认真，集中精神，不要随意打断对方，或者对对方的观点进行反击；另外还要适当做出反馈，因为适当的反馈是告诉对方你在认真倾听，这样会让倾听的效果更好。

会说的人能够吸引人，而会听的人则能留住人。日常中，口才出众者周围总是不乏听众，但是要想让自己被听众欢迎，除了会说还要会听。因为会听才能了解其他人的心理，了解其他人的需求，这样在说的时候就更能有的放矢。所以，要想让自己更加受欢迎，就要学会倾听，因为倾听更受人欢迎。

枕边箴言

人们都有强烈的自我意识，因此在交际的时候大多人选择了说，而忽略了听，他们忙于把自己的观点、想法传达出去，让对方接受，但是却不太注重倾听对方的心声。这样的交流往往不会有好的结果，如果对方也是只知道说，而不愿意听，而且双方的观点存在分歧时，这场交流注定没有结果。因此，要想让交流顺畅，要想让自己受欢迎，除了说，还要学会听，倾听对方的心声。

2.维护自尊，切勿迷失

在心理学上，自尊是与人的情绪和心理相关的内容，是一个人对自己的肯定和认可，它是一个人评价自己的重要指标。自尊对每个人来说都很重要，它是一个人成功的必要条件。另外，自尊也可以让一个人充满自信，这也是成功人士必备的品质。

自尊也就是自我尊重，懂得自尊自爱的人往往有良好的心态，在为人处世上他们懂得自爱，同时他们也要求其他人尊重自己、认可自己。因此，在与人相处的时候，要想让自己表现出独立性，就要维护好自尊。当然，在维护自己的尊严时，也不能冒犯对方的尊严，因为在交往中，彼此尊重是人际交往的底线。所以说，在人际交往中懂得维护自尊，是非常重要的，不管是对自己，还是对对方，都有重大意义。

正常的人际交往必须是在彼此尊重的前提下进行的，因为只有做到了彼此尊重，才能让交往平等，才能让双方保持独立，充分发挥自己的作用。另外，在人际交往中懂得维护自尊的人，才不会迷失自己，那些不顾自己的尊严和对方的尊严的人，他们也就迷失了自我。

小颖是一个性格比较柔弱的姑娘，她很渴望其他人能够认可自己。因此，在和其他人交往的时候，她很害怕对方不认可自己，所以处事非常小心。如果有人赞扬了她，她就会非常开心，如果有人和她的观点不一致，虽然她心里不赞同自己，但是为了让对方不讨厌自己，她也会附和对方，这时候她就表现得非常没有主见。

小颖这样做，原以为会得到大家的认可，但是后来她发现，大家越来越忽略她的感受。有一次，一个同学让小颖帮忙带一份学习资料，小颖很认真地记下了这位同学要带的资料。可是带回来之后，这位同学却说小颖带错了，还说小颖的记性怎么这么差，这么点小事都做不好。小颖其实很想反驳这位同学，但是她又害怕这位同学不喜欢自己，所以就承认是自己搞错了。

可能正是因为小颖自己都忽略自己的感受，所以大家也就越来越不在意她，做什么事情也就不再征求她的意见，只是在决定了之后通知她一声，因为大家认为她根本不会有不同意见。虽然小颖很小心地想要和大家和睦相处，但是大家仿佛越来越不把她当回事。

其实并不是大家不想尊重小颖，只是她自己不懂得维护自尊，一点点失去了自我。小颖的做法表面看是在尊重其他人，其实她只是丢失了自己的尊严来迎合大家。这样做的结果只能是让自己迷失，让其他人更加看轻自己。

所以说，在人际交往中，尊重他人是必需的，但是维护自尊，有自己的底线也是必不可少的。只有将双方的尊严都维护了，交流才能平等地进行下去。不过很多人并不知道尊严的重要性，有的人为了显示自己的强势，随意践踏他人的尊严；有的人为了讨好对方，就丢掉了自己的尊严。这些不把尊严当一回事的人，最终也被尊严舍弃，活得浑浑噩噩。因此，要想不迷失自我，就要维护好自尊，坚守好底线。

枕边箴言

维护自尊能够让自己自强、独立，保持住自己的品格，但是要想让自己被对方尊重，首先自己要值得被尊重。因此，在生活和工作中，每个人都应该不断地完善自己，不断地提升自己的能力，让他人对你刮目相看，然后尊重你。

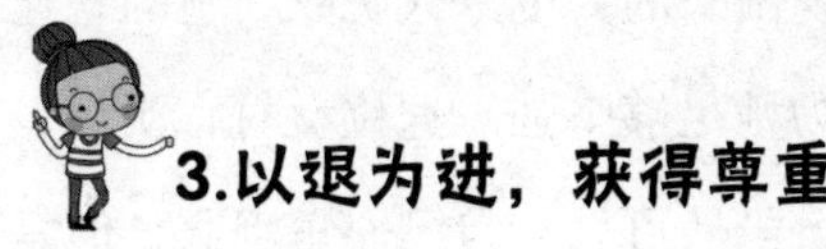

3.以退为进，获得尊重

生活中、工作中，我们都渴望得到他人的认可和尊重，都希望在对方的心里留下好的印象。不过这往往只是个人的愿望而已，要想真正做到并不是一件容易的事情。因为我们很难给每个人都留下好的印象，特别是发生争执的时候，因为这个时候是对方对你最不满意的时候。

不过事情都有两面性，即便是在争执的时候，如果处理得当，也可以赢得对方的尊重，给对方留下好印象。

记得几年前曾看过一则新闻报道。

一名女大学生毕业之后，主动要求到一个贫困村做村官，她想带领这里的乡亲们脱贫致富。

这名女大学生来到村里之后确实帮村里做了不少好事，她给村里带来了先进的知识，先进的理念，还给村里拉来了资金，给村里修路。不过在修路的过程中出现了一些意外，在放炮崩石的时候，滚落下来的石头砸坏了一家农户的果树，户主要求村里给赔偿。

女村官答应秋收以后赔，但是户主却不依不饶，纠集了几个本家到村委会大闹，混乱中这位户主还打了女村官一巴掌。这时，村民觉得户主有些过分了，纷纷要求他向女村官道歉，这位户主也觉得自己太过鲁莽，准备接受女村官的处分。不过女村官并没有处分他，反而说自己初来乍到，有些事情做得欠妥，而且这次事情是自己考虑不周，才毁坏了村民的果树，错在自己，并当场向那位户主道歉。

女村官的举动让这位户主更加羞愧，并当即认错："您是在为村子做事，我却只想着自家的事情，错在我，不过您放心，以后你咋说，我就咋做，绝无二话。”

这位女村官面对争执的时候，表现出来的大度令人赞叹，她的忍让和退缩不是因为她懦弱，相反，是因为她足够坚强。这位女村官明白，自己这个时候如果处分了闹事的村民，虽然可以让自己心里舒服，但是却不会赢得村民的信任和尊重。此时表现出的大度，不仅让闹事的村民敬重自己，也让其他村民看到了自己的大度，也会更加认可自己。

人不仅应该有“进”的勇气和实力，还应该有“退”的大度和智慧。有时候，卖力的追求反而没有结果，追求得太迫切、太执着反而得不到，这个时候不妨后退一下，你的视野反而会更加宽广、清晰，这个时候反而更容易进步。

但是这种以退为进的策略不是每个人都能用、会用，因为毕竟不是每个人都可以做到忍辱负重。很多时候，当争执发生之后，人们想到的不是后退一步、缓解紧张的气氛，而是想着如何让对方屈服，如何在争论中赢了对方，结果就是双方的争吵不断升级，最后演变成不可收拾的局面。

我们都知道，要想让与自己立场对立的人听从、认可自己是一件非常难的事情，这个时候应该怎么办呢？以退为进，就会获得对方的尊重和理解，进入达到“进”的目的。

枕边箴言

没有谁可以一帆风顺，有时候为了进两步最好先退一步。当然，后退不是妥协，也不是逃避，而是为了更大的进步。生活和工作中，我们不仅应该有一往无前的精神，还要有敢于后退的心态，只有做到张弛有度，才能有更大的进步，才能得到其他人的尊重。

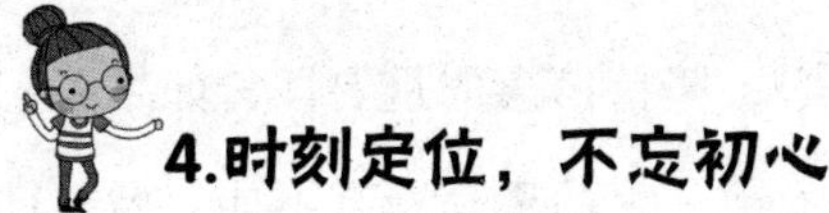

4.时刻定位，不忘初心

“不忘初心”一词出自《华严经》，意思是说不要忘记我们的本心，也就是说不要忘记我们与生俱来的善良、进取、包容、真诚、博爱。当然，这句话不仅仅用于佛教中，人生当中有很多事都要“不忘初心”，要持之以恒，这样才能取得成功。如果一个人做什么事情都三分钟热度，那他这一生注定都会碌碌无为。

笔者自己就有过这样的经历，上学的时候不知道练字的重要性，可以说字写得非常烂。工作之后，看着周围的人都能写一手好字，心中不免有些怅然。于是买了两本字帖，想要好好练练字，让自己也能写出一笔能见人的字。

只是没能坚持多久，就放弃了，还给自己找了许多借口——现在写字的机会不多，能看得过去就行；工作太忙了，实在抽不出时间来练字……结果练字的热情也就被浇灭了。

等过了两年之后，和原来一起相约练字的同学说起这些事，同学连连说可惜。这位同学也是因为字写得不好很是苦恼，后来下定决心要把字练好，坚持了两年之后，这位同学的字大有进步。这个时候笔者才懊悔不已，心里想，自己当时为什么不坚持下去，为什么每天不能抽出一两个小时练练字呢。

还听一位朋友说过这样一件事情，这位朋友小时候很喜欢吉他，曾经梦想成为一名出色的歌手。高中毕业之后曾报考音乐学院，可惜因为专业课分数不够没能被录取。在这之后这位朋友就选择了一所普通的高校，读了一个普通的专业。现如今已是而立之年，可也只是一个普通的上班族。而当初那些和他一起在补习班学音乐的孩子，经过不懈的努力，大多已经小有成就了。

其实这两个例子都说明了不忘初心、坚持信念的重要性，如果我们能够坚持自己的梦想，持之以恒地努力下去，而不是稍有不如意就立即放弃，我们的生活将会是另一番风景。即便是我们的梦想最后没有实现，但是坚持的过程也会让我们看到不一样的风景。

但是生活中有太多像笔者这种人，稍微遇到一点挫折就放弃自己的梦想，忘记初心，结果到最后梦想只成为了想想。坚持自己的梦想确实不是一件容易的事情，所以很多人无法实现自己的梦想，这是因为人们的心总是被各种欲望左右，游移不定。

人的心游移不定，说到底是因为心里杂念太多，不够纯净，太多的欲望让人无法记住初心，无法朝着初心努力下去。生活中的琐事，人们心中各种欲望总是扰乱人们的“初心”，让人的内心失衡，结果就是在梦想的道路上越走越偏。

人性中确实有太多的弱点，这些弱点让我们忘记本心。所以，要想在梦想的道路上不跑偏，就要常常定位自己，收拾“初心”，这样才有可能实现自己的梦想，不让自己的人生后悔。

所以，每个人都应该“不忘初心”，这样才能“方得始终”。

枕边箴言

没有谁的梦想能够随随便便实现，那些美丽的梦想，崇高的理想都需要经过艰苦的努力，一如既往地坚持才能实现。而每个人也就是在这坚持中不断成长的。因此，在人生的道路上不要忘记自己的本心，坚持下去，你就会发现当初的付出很有价值。

第十章

宽容：宽容他人亦是宽容自己

人心不是靠武力征服，而是靠爱和宽容大度征服。一个人拥有一颗宽容大度的心，待人接物，才能由原本的状态上升为新的高度，达到全新的境界。

1.宽容他人对自己的恶意伤害

于右任是台湾的著名书法家，上个世纪五十年代，台湾的许多商人都知道这个大书法家，因此他们纷纷借于右任的名号来招徕顾客，在自己的公司、店铺、饭店内挂上署着于右任名字的招牌。这些招牌中大多都是假的，真的非常少，但是于右任却不以为意。

这天，于右任的一名学生气冲冲地来到老师的住处，当时于右任正在书房练字。这名学生见到老师之后就说："老师，今天我去一家常去的小吃店吃饭，他的店里竟然挂起了以您的名义题写的招牌，可是那招牌明显是假的，您说可气不可气？"

于右任看了看学生，放下手中的毛笔，说道："那块招牌上的字写得如何？"

这位学生更生气了："要是好我也就不说什么了，也不知道他们是从哪找来的一个半吊子，字写得实在难看，我看了都觉得害臊。"

"这可不行。"于右任沉思片刻，说道，"你说你经常去那家小店，他们家的铺子叫什么名字，卖的东西有什么特色吗？"

学生说道："就是一家小面馆，饭菜做得还不错，也很干净，尤其是羊肉泡馍做得很地道。铺子的名字就叫'羊肉泡馍馆'。老师，要不我现在就去让他们把招牌摘了。"

于右任却拦住了学生，思索了一会儿，说道："你先等等。"说完，于右任拿起毛笔，在宣纸上挥笔写下几个大字，然后交给学生说："你把这个带给店老板。"

学生接过一看，愣住了，上边写着——“羊肉泡馍馆”，落款“于右任题”，还加盖了于右任的一方私章。

看到学生很疑惑，于右任说道：“店家用冒名顶替的字固然可恨，不过这也说明人家看得起我。但是要让不知道真相的人看了这字，人家还以为我的字真写得那样差，那就砸了我的招牌了。所以，还是麻烦你跑一趟，把那副假字换下来。”

就这样，这家店铺的老板用一副假字换了于右任一副真迹，这让店老板着实高兴，不过也让他很是惭愧。

一个人的行为可以反映一个人的品质，而品质则是一个人内心的真实反映。生活当中有许多人秉承“以牙还牙，以眼还眼”的准则，觉得只有将对方逼得吃不下饭，睡不着觉，才是胜利，才能让自己舒心。殊不知，在报复、伤害对方的时候，其实也将自己伤害了。因为将仇恨积攒起来，伤害的不仅是自己的心理，还伤害自己的身体。

心理学家和医学家曾做过实验，当人们被复仇的情绪左右时，其心理会变得扭曲，进而影响生理状态。所以，面对伤害自己的人，报复并不是理想的手段，宽恕反而对一个人更加有益，因为宽恕可以把一个人从仇恨的泥潭中拉出来。

真正的智者都懂得宽容、宽恕，他们不会让仇恨的种子根植于心，而是选择握手言和，让自己自在，也让对方解脱。当然，宽恕敌人并不容易，关键还要看我们自己的心灵。

枕边箴言

凡事斤斤计较，面对伤害不懂宽容并不能让我们的人生有多么顺利，相反，会让我们遇到更多的坎坷，受到更多的伤害。但是当我们用宽容的心态来面对伤害时，我们受到的伤害反而不会那么多，相反会得到更多的拥抱。所以，用宽容的心来对待那些伤害你的人，你的人生将会有更美丽的风景。

2.保持冷静，理性地看待差异

清华大学哲学系主任、文学院院长冯友兰曾说："各人有各人的境界，严格来说，没有两个人的境界是相同的。每个人都是一个个体，每个人的境界，也都是一个个体的境界。没有两个个体是完全相同的，所以亦没有两个人的境界是完全相同的。但我们可以忽其小异，而取其大同。"

事实确实如此，由于人们出生的环境，接受的教育，成长的环境都不相同，所以每个人都有自己的价值观，也都有自己的特点，即便是双胞胎也不可能完全相同，因此要想在这个世界上找到两个完全的相同的人是不可能的。

因此，对于人与人之间的差异应该理性地看待，自己有自己的思维方式、做事的方法，其他人也是如此，所以不要以自己的标准来要求其他人，因为这并不是解决问题的正确方法。

微软的 Internet 技术刚刚萌芽的时候，微软的一些高层领导并不看好这个花费精力、资金，又不赚钱的项目，但是负责这个项目的几个技术人员非常看好这个项目的前景，不断地向他们的上司提建议。虽然上司并不认同他们的观点，但是认为这几个技术人员有提出自己建议的权利。

后来，比尔·盖茨知道了这几个技术人员的建议，他认为这个建议对微软来说是一次机遇。于是微软公司经过一系列的讨论，开始支持

Internet 的研发。

从这个例子我们可以看到，支持员工发表自己的观点，表达自己的见解，对于一个公司的活力和创新能力有多么重要。这也是微软公司几个高层能够理性看待几个技术人员和自己的分析，没有否定他们的建议的结果。

其实每个人都是不一样的存在，也正是这独特性和多样性让世界更完整。也就是说人在社会中生存，总会遇到各种各样的差异，差异是天然存在的，如果一出现差异，就用仇视的态度对待它，或者在心里记下这笔账，等到秋后再算，那么只能破坏自己的人际关系。因此，对于差异不能去仇视，只要把它当作客观存在去对待，去接纳它，就不会因为差异而让自己与朋友越走越远。

枕边箴言

俞伯牙弹了一辈子琴，才遇见钟子期这样一个知音，由此可见，知音难觅，我们怎么能够奢求自己周边都是知心人呢？既然人与人之间存异是必然的，那么我们就应该学会理性地看待这些差异，以免被负面情绪左右，失去理智。

3.帮助他人也是帮助自己

俗话说：“一个篱笆三个桩，一个好汉三个帮。”不管是谁，他的能力都是有限的，不可能一个人解决所有的问题。聪明的人都懂得“赠人玫瑰，手有余香”的道理，他们明白帮助别人其实也是在帮助自己。

曾经看过一则故事。

寒冷的冬季，一个卖大饼的和一个卖棉衣的人在一座破庙里相遇。

由于外面下着大雪，两个人不得已只能在破庙里躲避风雪。

到了晚上，大雪还是没有停，两个人只能住在破庙里。

过了一会儿，卖大饼的觉得很冷，卖棉衣的觉得很饿，但是他们谁也不打算开口求对方，因为他们觉得对方有求于自己，会先开口。

午夜时分，卖大饼的拿出一个大饼，咬了一口，说道："大饼好香啊！"

卖棉衣的则拿出了一件棉衣，裹在身上，说道："棉衣可真暖和。"说完，两个人互相对视了一眼。

到了后半夜，卖大饼的又拿出一个大饼，说道："大饼可真香啊！"说完又吃了一个大饼。

卖棉衣的也不甘示弱，拿出又一件棉衣，说道："还是棉衣暖和。"边说边把棉衣裹在身上。

就这样，卖大饼的一会吃一个大饼，卖棉衣的一会穿一件棉衣，但是两个人谁也不开口求对方，或者提出拿自己的东西和对方换。

第二天，路过破庙的人在庙里发现两具尸体，他们是卖大饼的和卖棉衣的。很显然，卖大饼的是被冻死的，卖棉衣的是被饿死的。

其实很多时候给别人一个机会，也是给自己一个机会，给别人帮助，也是给自己帮助。但是卖大饼的和卖棉衣的却不懂得这个道理，只想着让对方来求助自己，结果反而送了性命。

美国钢铁大王卡内基曾经说过，你拥有某种权力，这并不算什么。如果你拥有一颗同情心，你就可以获得许多权力无法获得的人心。如果有许多人发自内心地想要帮助你，你还有什么事情做不到呢。

其实很多人都知道"帮助别人就是帮助自己"这个道理，但是当有人真的需要帮助了，他们却又不愿意伸出援手了。这恐怕正是人性的矛盾所在。因为相对于满足他人的需求，人们更热衷于向他人索取。而盲目索取，不懂得帮助他人的价值，会让自己失去更多的机会。

这些人不知道，每个人都有遭遇挫折的时候，在其他人遇到困难的时候，你不懂得伸出援手，那么当你遭遇逆境的时候，就不能怪对方也拒绝向你提供帮助。所以，要想在自己需要帮助的时候能有人相助，那么平时就不要忘了多帮助他人，因为帮助他人就是在帮助自己。当然，也不是所有的帮助都会有回报，不能因为没有回报而不向别人提供帮助。现在可以想一想，在以后遇到有人需要帮助的时候，你是伸手相助，还是拒人于千里之外？

枕边箴言

给别人一个机会，也是给自己一个机会，赠人玫瑰，手有余香。一个人可以没有出众的能力，可以没有过人的才华，但不能没有良好的品德。拥有了良好的品德，你就能获得好的人气，那么又有什么事情能够难倒你呢？

4.谦虚谨慎是一种美德

正所谓:“地不畏其低，方能聚水成海，人不畏其低，方能孚众成王。”其实世间多数事物都是起于低、成于低，低是高的发端，高是低的不断累积、演变。低调做人也是一个人成其高、成其大的一种处世哲学。

不过在这个浮躁的社会里，要想做到谦虚谨慎并不容易，很多时候人们推崇“推销自己”的哲学。其实“推销自己”并没有什么错，但是为了利益一味地夸大事实，那么就会失去了可信度，如果一个人失去了诚信，这个人也就不会成功。

另外，即便是有真才实学，也不应该恃才傲物、目中无人，因为过于骄傲只能让其他人厌恶。

三国时期的杨修是一个非常有学识的人，而且才思敏捷，但是他太自傲，不懂得韬光养晦，好几次让曹操下不来台，因而让曹操很是嫉恨。

有一次，曹操命人建造了一座花园，花园建造好之后，曹操去看，没说话，只是提笔在门上写了一个“活”字。其他人看了很疑惑，不明白曹操是什么意思。杨修一看便知，说道：“门内添个活，就是‘阔’字，丞相是嫌门太宽了，让你们改小一点。”

工匠门按照杨修的意见将门重新修改。改好之后，曹操看了很是满意，但是内心却对杨修很不满。

还有一次，有人送给曹操一盒酥，曹操就在盒子上随手写下“一合酥”。等忙完事情要吃酥的时候，却发现杨修已经和随从们把这盒酥分着吃了。曹操不解，问杨修原因。杨修说道：“丞相在上面写着一人一口酥，我们不敢违背您的意思。”听了杨修的话，曹操也不好说什么，但是对杨修的不满与日俱增。

后来在攻打汉中的时候，曹操终于找了个机会，把杨修杀了。

杨修的才华不可谓不高，但是却经常恃才自傲，觉得自己才是最聪明的，不把旁人放在眼里，而这种目中无人的态度最终为他招来了杀身之祸。

其实真正有大智慧的人，不会过于张扬，相反，他们会很谦虚，因为他们懂得谦虚是一种美德，他们懂得自己无论取得过什么成就，都已经成为了过去，自己将要做的事情才更重要，与其骄傲，不如冷静下来准备将要做的事情。

谦虚的人面对成绩、荣誉不会骄傲，他们只会把成绩、荣誉当作是一种激励，而不是炫耀的资本，沾沾自喜。即便是在这个注重自我、标榜自我的时代，谦虚也是一种高明的处世态度。因为懂得谦虚的人更容易获得他人的好感，也更容易得到其他人的帮助，而这些都会为他以后的成功提供帮助。

当然，要做到谦虚低调并不容易，因为这首先要做到自知，要知道自己所知道的，也能认识到自己所不知道的，知道自己的长处，也知道自己的短处，只有这样才能虚心、不自满。

枕边箴言

谦虚谨慎，放低姿态并非是胆小怕事，而是大度的表现，这是一种气度，也是一种魅力。在人际交往中，如果一个人能放低身姿，谦虚谨慎，适时向其他人请教一些问题，会让其他人觉得你有修养、谦虚，这些都将为你的成功增加砝码，让你在成功的道路上稳步前行。

第十一章

坚持：锲而不舍，推动命运转轮

你有对自己生命的主宰权，任何事情都不能让你放弃一切。你需要培养自己坚韧不拔的意志，推动命运的转轮，而不是让命运主宰你。

1.锲而不舍，克服一切危机

《劝学篇》有云："锲而舍之，朽木不折；锲而不舍，金石可镂。"这句名言告诉我们，做什么事情都应该有锲而不舍的精神。一个人要想有所成就，就必须持之以恒，坚持到底。古往今来，所有的成功者都有这种不达目的誓不罢休的气概，都有这种锲而不舍追求目标的精神。

1996 年亚特兰大奥运会男子跳板冠军领奖台上，熊倪双眼含泪高唱国歌。八年来，为了冲击奥运金牌，熊倪经历了常人难以想象的磨难。在这一天，他终于如愿以偿，拿到了奥运金牌，他以锲而不舍的勇气，奏响了一曲英雄赞歌。

八年前，在汉城奥运会上，初生牛犊不怕虎的熊倪凭借精湛的技艺，和美国"跳水皇帝"罗加尼斯在十米跳台上上演了一场令人难忘的经典之战。虽然熊倪各方面的表现都比罗加尼斯突出，但是裁判的不公，还是让这个 14 岁的少年憾失金牌。虽然熊倪只得了银牌，但是在那一届，他成了观众公认的无冕冠军，赢得了世界跳水界的尊重。

四年之后，在巴塞罗那奥运会上，熊倪因为身体原因仅得了第三名，随后就陷入了事业的低谷。是就此向命运屈服，退役回家，还是向命运发起挑战，度过危机，圆自己的奥运金牌梦？强者的选择总是逆流而上。在随后的四年里，熊倪改练跳板，立志打破欧美选手在这个项目上的独霸局面。

在这些信念的支撑下，熊倪苦练技艺，练就了一系列高难度的动作，终于在亚特兰大奥运会上征服了在场的裁判和对手，成为了第一位获得奥运男子跳板金牌的中国运动员。

熊倪的胜利告诉我们，要想取得胜利，就要在困难和危机面前昂首前行，要有锲而不舍的精神，这样才能克服困难，实现自己的目标。伏尔泰曾说：“要在这个世界上成功，就要有锲而不舍的精神，剑至死都不能离手。”

日本“经营之神”松下幸之助也是在一次次失败中坚持下来，才成就了自己不平凡的一生。

松下幸之助在自行车店当学徒的时候意识到电器会给日本带来一场革命，于是千方百计想要从事和电器有关的工作。但是事与愿违，他没能立即获得一份和电器相关的工作，不得已又做了两年搬运工。

一次偶然的机会，松下得到了去电器厂工作的机会。但是厂长看着瘦小、穿着破烂的松下，随口说道：“我们暂时不需要人，你一个月之后再来吧。”谁承想，一个月之后松下真的再次拜访了这位厂长。这位厂长再次拒绝了松下，敷衍他，让他过两天再来。几天之后，松下再次拜访这位厂长的时候，这位厂长说：“你的衣着会影响工厂的形象。”于是松下立即买了一套干净的衣服再次来到这家工厂。

再次看到这个年轻人，这位厂长只好说：“我们不需要对电器不了解的员工。”两个月之后，松下再次来到这家工厂，对厂长说：“我已经学会了不少电器方面的知识，您看我哪方面还欠缺，您告诉我，我一项项补。”

最终这位厂长被松下锲而不舍的精神打动，同意他到厂子里工作，就这样，松下如愿进入了这家电器厂。

其实人在成功之前总会遇到失意、失败，总会遇到挫折，如果面对挫折放弃了、停止了，那么就错失了成功的机会。其实很多时候，成功前的失败只是一个小坎坷，跨过去就能取得轰轰烈烈的成功。

枕边箴言

危机往往蕴含着转机，人生遭遇失败，遭遇挫折在所难免。当你有了明确的目标之后，就要有坚持下去的勇气，一步一个脚印，这样才有成功的可能。要知道，成功贵在坚持不懈，贵在矢志不渝。

2.心魔比生理上的疾病更可怕

心魔每个人都有，只不过有的人能够通过自我调节，降低心魔对自己的影响，而有的人则被心魔左右，失去自我，甚至犯下不可饶恕的罪行。从这一点上来说，心魔要比身体上的疾病更加可怕，身体上的疾病可以通过药物来治疗缓解，但是心魔只能通过自己来克服，这需要强大的意志力和定力，很多人因为在和心魔的抗争中失败，最终造成一系列负面结果。

2012 年的时候曾发生过这样一件事。

广州一名 13 岁的小女孩覃某将同学周某骗到家里，残忍杀害并肢解了周某，而这一切就是覃某“心魔”在作祟。

事情是这样的，覃某就读于广西南丹县里湖瑶族乡仁广小学，周某是她的同班同学，两家就住在同一条街上，住房相隔不到 150 米。

周某的性格比较好，同学们都喜欢和她玩，在玩耍的时候，她们曾说过覃某长得胖，不如周某漂亮的话。这些话后来被覃某得知，她就对周某心怀嫉恨。

后来覃某将周某约到自己家中玩，两个人一起在客厅看电视，覃某趁周某低头玩手机之际，用木凳砸了周某的头致其昏倒。因为害怕周某醒来之后将这件事告诉老师和家长，覃某就从家中找来菜刀、啤酒瓶、剪刀等凶器，对周某行凶，致周某当场死亡。后来覃某还把周某的头和四肢砍断，装进塑料袋，并清理现场的血迹。

这件案子曝光之后，一片哗然，人们搞不懂为什么一个 13 岁的小女孩会对自己的同学下如此毒手。其实说到底就是心魔在作祟，是嫉妒心导致的恶果。说到嫉妒心，几乎每个人都有，但是有的人能够控制自己，有的人则任由嫉妒心泛滥，最终酿成悲剧。嫉妒心重的人，在他们心里只有自己，容不下其他人有一丁点好。

看过电影《东邪西毒》的人应该对张国荣扮演的西毒有很深的印象，张国荣在电影中有几句对白就是对嫉妒赤裸裸的表述：很多年以后，我在江湖上有了一个绰号，叫作西毒。其实每个人都可以变得很毒，只要你尝试过什么叫嫉妒。我不在乎别人怎么看我，我只是不想看到别人比我更开心。

其实心魔不光是嫉妒，吝啬、贪婪、虚荣、空虚以及各种各样的负面情绪可以说都是心魔。尤其是贪婪，更是可怕的心魔，贪婪可能一开始会给你一些甜头，但是当你跌入贪婪的陷阱之后，你也就成了欲望的奴隶，终其一生都在为欲望服务，完全丧失了自我，人生也就在岔路上越走越远。

虽然心魔对我们的影响很大，但是心魔并非不可战胜，只要我们常怀善念，积极乐观，心魔也就无法影响我们了。

枕边箴言

我们常说“战胜自己”“人最大的敌人就是自己”，这些其实就是指心魔。很多时候，左右我们成就、影响我们人生的不是外部环境，而是我们的内心。内心纯净，不被杂念、心魔左右的人往往能够取得大成就，即便没有取得大成就，他们的人生也是精彩的。如果被心魔左右，这个人即便能一时取得成就，但内心却并不轻松，而且最终的下场一般比较惨。所以，要想让人生光明，就要克服心魔，主宰自我。

3.努力弥补自己的遗憾

人生一世，都想无遗憾，希望自己做的每一件事情都是正确的，希望可以一步一步实现自己的人生梦想。然而，这也只能是梦想，试想一下，又有谁能不犯错误呢？比如大学学了不喜欢的专业，干了不喜欢的工作，和不爱的人结了婚，想要孝敬父母时，父母却已不在人世，等等。

出现了遗憾，很多人喜欢找各种借口为自己开脱，有的人还不忘加一句“想当初”，以此来为自己开脱。殊不知，这些人面临的最大的遗憾，就是经常把遗憾挂在嘴上。诚然，人生中的一些遗憾是无法弥补的，但是有些遗憾可以通过努力得到扭转。因此，当遇到可以弥补的遗憾切勿放过，以免将来更加后悔。

亚当·史密斯是一个深受成功学大师卡耐基崇敬的人，但就是这个被卡耐基推崇的人，却是一个连小学都没有读完的人。史密斯家境贫寒，父亲去世时连下葬的棺材都是邻居亲友凑钱帮忙置办的。

史密斯少年时期曾参加过一次家乡教会举办的舞台剧演出，这次演出让他迷上了演讲，也正是这次演出成为了他日后从政的契机。

三十岁的时候，史密斯当选为纽约州议员，不过此时他的能力并不足以担任州议员，因为他没什么文化，所以在工作中遇到了不少困难。那些提交上来的议案材料对他来说冗长而复杂，他甚至都不能理解其中的意思。

对工作无所适从，这让史密斯非常苦恼，不过史密斯最终没有辞职，他决定自学相关的知识，以弥补没读过多少书的遗憾。

就这样，史密斯开始奋发图强，他每天抽出十五六个小时的时间来学习各种知识，并对感兴趣的问题加以深入研究。十年之后，史密斯成为了一个很有知识的人，那些曾经看不懂的材料，已经可以轻松地阅读下来，后来连续四届当选纽约州州长，还被美国六所知名大学——包括哈佛大学和哥伦比亚大学赠予了名誉学位。

其实遗憾本身就是生活的一部分，我们无从选择，我们能够选择的就是以何种态度来对待遗憾。有的人面对遗憾，只是抱怨、懊恼，将它作为自己失败的借口；有的人认为这就是自己的命运，自己无论怎么挣扎都不会有所改变；还有的人，不认为遗憾一成不变，可以通过自己的努力来弥补，这类人能够从遗憾当中看到机会，从而改变自己的命运。当然，要想改变自己的命运，离不开努力。

枕边箴言

人的一生总会有一些遗憾，这些遗憾有的是终生的，无法弥补，有的则可以通过努力来弥补。如果遇到了可以弥补的遗憾，那么就请尽自己最大的努力去弥补。当然，也许你不会成功，但是经过努力，再回过头来看这些遗憾，你也许就不会那么失望、后悔。

4.缺点也可以成为你成功的机会

美学家、文艺理论家朱光潜曾说：“世界既完美，我们如何能够享受成功的快慰？这个世界之所以完美，就在有缺憾，就在有机会，就在有想象的田地。换句话说，世界有缺陷，可能性才更大。”

克劳兹是美国一家企业的总裁，2005 年获得美国国家蓝色企业奖章，这是美国商会为奖励那些战胜逆境的中小企业而颁发的，当年一共发出去 6 枚奖章。

在旁人眼里，克劳兹是一个成功的企业家，但是在他心中却有一个难言的疼痛——阅读障碍。是的，这个杰出的企业家有阅读障碍，很长一段时间里，他都因为这个缺陷感到自卑，他不敢告诉自己的首席执行官，自己有阅读障碍，他怕他们嘲笑自己。

对于公司的文件，白天，克劳兹借口对外事务太忙，无暇顾及，交给公司其他人员来处理这些文件。但是有些文件他们也无法处理，只能留给克劳兹，而克劳兹则会在下班之后将这些文件带回家，让妻子来帮助处理。虽然他把企业做得有声有色，甚至是同行中的佼佼者，但是他依然无法克服阅读障碍，也不敢把这一缺陷告诉同事。

但是长时间的隐瞒，让克劳兹有很大的心理负担。后来，一次偶然的机会，他向自己的首席执行官们坦白了自己有阅读障碍这回事。不过让他想不到的是，这些人得知他有阅读障碍之后，并没有嘲笑和轻视他，相反，他们对克劳兹更加尊重了。首席执行官说道："这让我更加佩服他的成功，更加敬重他的能力了。"而克劳兹本人，在说出隐藏已久的秘密之后，内心轻松了很多。

克劳兹的事例说明，这个世界上并没有完美无缺的人，每个人也不用刻意去掩饰自己的缺陷，因为这个缺陷在其他人看来也许并没什么，相反，他们很可能因为这个缺陷更加尊重你。

生活中，有这样一种说法，完美可以当作心中的一个目标，你可以去追求它、塑造它、赞美它，但是切勿把它当作实实在在的存在，那样做只能让你陷入求而不得的痛苦当中。

其实很多时候，刻意隐瞒缺陷、回避缺点是一种苛求完美的心理洁癖。但是又有谁能真正做到白璧无瑕呢？而且也正是有了缺憾才显得更真实，更"完美"。而克服缺陷也让我们有了前行的动力，让我们的生活更精彩，更生动。有大智慧的人都明白，凡事不可以过于苛求，那样会让自己很累，还不如务实一些，这样反而能让自己活得更轻松。

枕边箴言

命运给了每个人不同的机会，只不过有的机会你没有发现而已。我们的优势在其他人眼里也许就是缺陷，但是我们自己不能也认为这是缺陷，而应该看到其中的机会，并且有义务让其他人也看到。其实成功的方式从来都不只一种，而且成功也不会因为某个缺陷就远离他。相反，有时候利用缺陷反而更加容易成功。

5.永不言弃，一切都有可能

只有坚持到底才有可能成功，半途而废永远不会成功。这是西点军校一直秉承的观点。西点军校的学员们也一直接受这样的教育：无论遇到什么样的困境，强者绝不会低下头，他们只会抬头挺胸，坚持到最后一秒。因此，西点军校的学员无论做什么事情都不轻言放弃，因为放弃对他们来说是懦弱的表现，甚至是对他们人格的侮辱。西点军校学员巴拿马运河总工程师戈瑟尔斯曾说：能够多坚持一分钟，是强者和平庸之辈的分水岭。

然而，生活中却有一些人，稍微遇到一点困难，就想着放弃；遇到一点挫折，就没有了刚开始的激情，开始以一种得过且过的心态来处理事情。殊不知，这样轻言放弃的心态让他们注定与成功无缘。所以，要想成功，就要永不言弃。

经典恐怖小说《嘉莉》的作者史蒂芬·金原本是一名兢兢业业的熨衣工，每周能挣 60 美金。史蒂芬的妻子上夜班，夫妻俩辛勤的劳作只是刚能解决一家人的温饱。他们的孩子耳朵发炎后，他们只能把电话停了，用省下来的钱给儿子买药治病。

就是这样一位生活几乎没有保障的熨衣工，一直都有成为作家的梦想。每天晚上，还有周末他都会坐在打字机前写自己的小说，他把省下来的一点点钱用来付邮费，以寄出自己的理想还有希望。

不过他寄出的稿子都被退了回来，随着退稿回来的还有编辑们的退稿信，这些信写得很公式化，以至于史蒂芬都不知道这些编辑是否读过他的小说，这让他非常苦恼。

有一天，他在报纸上读到了一部小说，这篇小说让他想起了自己以前写的一部小说，于是他就把小说寄给了皮尔·汤姆森，也就是他读的那部小说的出版商。过了一段时间，汤姆森给史蒂芬回了一封信，信写得很仔细也很亲切。汤姆森告诉史蒂芬，他的小说还有不少缺陷，但是他认为史蒂芬有成为作家的潜质，并在信里对史蒂芬进行鼓励，鼓励他继续写下去。

在这之后一年多的时间里，史蒂芬又给编辑们寄去了两部原稿，但是又被退了回来，这让史蒂芬有些沮丧。而且由于生活越来越艰难，家庭甚至入不敷出，史蒂芬渐渐有了放弃的年头。

一天夜里，坐在打字机前的史蒂芬突然烦躁地把写好的书稿扔了出去。第二天，下班回家的妻子把这些书稿又捡了回来，并对他说："你不应该放弃，尤其是在这关键的时刻。"

此时的史蒂芬已经不再相信自己可以成为一名作家，但是他的妻子相信，远在异地的汤姆森也相信。于是他又坐在了打字机前，认真完成了这部书稿，并把它寄给了汤姆森。

很快，汤姆森就预付了他 2500 美元，这本小说也随之出版了，并且销售了 500 多万册。这部小说就是《嘉莉》，后来还被翻拍成了电影。

很多时候，失败并不是一个人能力不行，而是他没有坚持到底的勇气。所以，不管你以前是以什么样的心态面对失败，但是现在请记住，要想成功就要有永不言弃的斗志，因为只有坚持才能让你成功，才能让你从平凡走向卓越。

枕边箴言

生活中，有些东西是可以舍弃的，但是有些东西却不能轻言放弃，而应该永不言弃，比如你的梦想。一个人的决心决定着可能与不可能。俗话说："有志者事竟成。"也就是说，做一件事的时候，如果我们有决心，能坚持到底，无论有多难，我们都能成功。

第十二章

梦想：梦想是用来捍卫和守护的

你是否了解自己，是否明白自己想要什么？人不可能碌碌而为，盲目地做自己不想做的事情。你只有了解自己，才能看到累累硕果。

1.梦想拒绝拖延

要想让梦想变为现实，就一定要行动起来，行动是让梦想变为现实的第一要务。如果只是把梦想停留在“想”上，梦想永远不会成为现实。但是生活中，人们总是有各种各样不好的习惯，比如拖延、只说不做、消极被动等等，这些坏习惯有百害而无一利，而且还会阻碍梦想的实现。

童心是一个很聪明的女孩子，但是她有一个不好的习惯——做事喜欢拖延。如果一件事不是特别着急的话，她是能拖则拖，所以同学们说她做事太磨叽。也许是学校的环境比较宽松，所以拖延并没有给童心带来什么实质性的损失，顶多就是被老师叫到办公室批评几句，所以童心并没有觉得拖延有什么不好。

大学毕业之后，童心一直想去报社工作，这也是她小时候的梦想。后来一个好朋友告诉她，邻市一家报社最近要招三名记者。这个消息让童心心花怒放，她是一个聪明的女孩，所以在采访技巧、应付面试方面没有问题，而且她的形象也很好，所以这份工作对她来说应该是十拿九稳。

不过在她打算去报名的时候，一个念头出现在她脑子里：现在去报名不合适，还是再准备准备吧。这一准备就是一个星期的时间。等童心赶到邻市去报名的时候，对方告诉她，报名在两天前就结束了。就这样，童心错过了这个天赐良机。

一次拖延，让童心失去了成就梦想的机会。其实童心自己明白，如果自己不改正拖延的毛病，以后还会失去更多的机会。

拖延这个毛病在很多人身上都有，而且多是在年轻的时候养成拖延的习惯。心理学家曾经做过一项研究，他们发现导致人们失败的原因当中，拖延占比最高。所以，要想让自己成功，要想让梦想变为现实，就必须改正拖延的习惯。

但是很多时候，我们都会是这种想法——时间还有很多，不着急；现在才是月初，离月底还有很多时间。也就是有了事情之后，我们总想着还有时间，到最后能完成就行，但是往往到了最后也没完成。还有一些人在失败了之后只会抱怨——要是当时抓紧时间多好；要是能再给我一次机会，我一定会按时完成；我本来是打算尽快做的，但是……正是因为过度地放纵自己，不懂得约束自己，才有了太多的“如果”“但是”。

还有一些人，因为害怕困难、害怕失败，不敢行动，总想把所有事情都准备好了再行动，结果一拖再拖，到最后都没能开始。其实一件事情最难的不是过程中的困难，而是开始，因为开始就等于成功了一半。

请记住，有些事现在不做，以后就再也没有机会去做了。因此，告别拖延，行动起来，你的梦想才有可能成为现实。如果从一开始就拖延，那就什么事也做不成了。因此，请记住，梦想拒绝拖延。

枕边箴言

拖延是一个人成功最大的敌人，它能够毁了一个人的梦想。但是拖延却偏偏是大多数人都有的不良习惯，因此，当你的脑海里有了某个想法之后，就要立即行动起来，只有行动起来，才有成功的可能，即便最后没有成功，也不会为此懊悔不已。

2.控制住自己才能实现梦想

很多人都有过这样的感慨，自己有梦想，有奋斗目标，也为了梦想努力奋斗过，但是努力了很久，却没有取得一点成果。看着周围的人都取得了一定的成绩，他们甚至怀疑是自己努力的方向不对，可是换了方向之后，他们依然没有取得什么成就。

其实这些人没有获得成功，并不是他们努力的方向不对，而是因为他们缺乏自控力，面对外界诱惑无法坚定前行，或者无法控制自己的情绪。他们在诱惑面前迷失自我，或者被情绪左右无法坚定地向着梦想前进，最终与成功擦肩而过。那些成功人士都有钢铁般的意志，他们如果有了目标、梦想，就会心无旁骛，一心向着目标前进，任何诱惑都不会动摇他们的决心。

维克多·雨果，法国积极浪漫主义文学的代表作家，被称为“法国的莎士比亚”，一生写过多部诗歌、小说、话剧以及散文等作品，在法国乃至全世界都有广泛的影响力。

1828 年雨果和书商戈斯兰签订协议，答应为他写一部沃尔特·司各特式的小说。但是协议签订之后雨果却认为写这样一部小说的时机并不成熟，一直到 1830 年法国“七月革命”，雨果才认为写作的时机已经到了，但此时距离交稿只剩下不到半年的时间了。

为了能够排除外界的干扰，专心致志地投入到创作中去，雨果想了很多办法，比如在门上贴上谢绝邀请、谢绝拜访等字条，但是收效甚微。后来，雨果想到了一个办法，他把当季需要穿的衣服全部锁进了柜子里，只留下在家里穿的几件衣服。这样做，是为了减少自己外出的频率，好专心致志地撰写书稿。但是几天之后，雨果发现并没有什么效果，自己还是经常想出去走走，散散心，去湖边看看落日。雨果明白，如果再这么下去，别说是半年，就是再给他一年，也无法完成书稿，这让雨果很苦恼。

实在没有办法，雨果决定完全禁锢自己，他把所有能外出的衣服全部放进柜子里，然后在柜子上挂了一把大锁，并把钥匙扔到了住处旁边的湖里。就这样，雨果完全断绝了自己外出的可能，然后一心一意投入到创作当中。

就这样，在不到半年的时间里，雨果就完成了不朽的名作——《巴黎圣母院》。

其实多数人都有过雨果这种心态，明明很想集中精力去完成工作，但是无法抵御外界的诱惑，结果浪费了大把时间，工作却没有一点进展。因此，如果想取得成功，就要像雨果一样，敢于斩断自己的退路，让自己全身心投入到工作当中。

当然，我们都是凡人，面对外界的诱惑说不动心很难，但是要想成功，就必须靠自控力来抵御这些诱惑。其实每个人都有自控力，唯一区别就是有的人愿意用自控力来拒绝诱惑，有的人不愿意让自控力发挥作用。

说到底，自控力就是一个人能够遏制住自己的不良习惯，实现对梦想的坚守；就是一个人能够克制住自己的欲望，实现对梦想的追逐。只有这样，梦想才能变为现实，否则一切都是空谈。

枕边箴言

苏轼说过："古之成大事者，不惟有超世之才，亦有坚韧不拔之志。"也就是说，成功的人都有坚强的意志，而要有强大的意志力，就必须有超强的自控力。所以说，良好的自控力才是成就梦想的重要砝码，缺失了自控力，将无法抵御外界的诱惑，即便是再有能力的人，也只能在前进的道路上迷失方向，最终一事无成。

3.梦想需要循序渐进

现代社会人们追求效率，讲究效益，可以说是一味地求快。但是盲目的求快让他们忽略了基础的重要性，没有牢固的基础，虽然短时间内可以取得一些利益，但是从长远来看，失败是必然的。

谁都想“一口吃成个胖子”，但是“心急吃不了热豆腐”。想轻轻松松实现梦想，无疑是痴人说梦。但是生活中偏偏有太多这样的人，他们做事急于求成，恨不得一日千里，但结果往往事与愿违。而那些愿意放慢脚步，把大梦想分解成一个个比较容易实现的小目标的人，反而更容易实现自己的梦想。

1984 年东京马拉松邀请赛上，聚集了众多好手，不过冠军却被名不见经传的山田本一拿走了。赛后，记者问山田本一是如何战胜众多对手夺得冠军的。山田本一腼腆地笑了笑，说道：“我是凭智慧赢得比赛的。”这让记者很纳闷，在记者心里，马拉松比赛比拼的是体力和耐力，怎么可能凭智慧赢得比赛。

两年之后，意大利米兰国际马拉松邀请赛上，山田本一再次摘得桂冠。记者在采访山田本一的时候，山田本一又说出了那句话——凭智慧赢得比赛。这让记者更加疑惑，不知道山田本一是如何通过智慧赢得比赛。

十年之后，山田本一出版了自传，他赢得马拉松比赛的秘密也披露了出来。原来，每次马拉松比赛之前，山田本一都会坐车将比赛的路线走一遍，并把比赛途中的一些比较显眼的标志记下来，比如一棵大树、一家银行、一家商店……一直记到比赛终点。

比赛开始之后，山田本一就以百米冲刺的速度向第一个标志冲过去，稍微休整之后，他又以同样的速度向第二个标志冲过去。就这样，几十公里的赛程被山田本一分解成了许多个小目标，而实现这些小目标要比这个马拉松赛程容易得多，所以山田本一就在完成这一个个小目标的过程中，跑完了马拉松比赛。

其实一开始他也不知道这样的方法，而且也和其他选手一样，将目标定在了终点，但是往往还没跑到一半，他就被前面遥远的路程给吓到了。可是分解开来之后，他的眼里只有眼前的目标，跑起来也就轻松多了。

山田本一的方法告诉我们，要想实现自己的梦想，就要既有大目标，又有小目标，然后通过实现一个个小目标，来完成大目标，从而实现自己的梦想。

不过在当今社会，有这种觉悟的人并不多。多数人秉持的还是"时间就是金钱"这种理念，他们凡事讲究速度，追求"短、平、快"，梦想"一夜暴富"，结果离成功越来越远。

有道是："冰冻三尺，非一日之寒；为山九仞，岂一日之功。"意思是说，冰冻了三尺，并不是一天的寒冷导致的；九仞的高山，也不是一日就能生成的。其实就是说，一番伟业的成就不是一蹴而就的，需要循序渐进，日积月累，当量变达到一定程度的时候，自然水到渠成。

枕边箴言

量变积累到一定程度才能引起质变，大的目标由小的目标累积而成，成功人士都是将一个个小的目标完成之后才实现了自己伟大的梦想。没有谁可以一蹴而就，一步登天，所有的大梦想都是在不断累积中实现的，要想实现自己的梦想，就要给自己制定许多阶段性的目标，并一一实现。

第十三章

格调：简单做人也是一种心态

一种简单的生活，简单的心态，简简单单地做人，简简单单地生活。简单的生活会让人身心愉悦，过自己想要的生活。

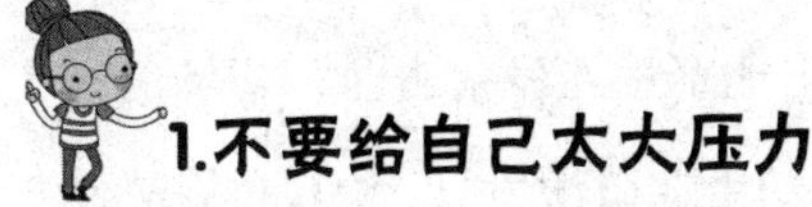

1.不要给自己太大压力

每一天，我们都会面对各种各样的压力，比如事业不顺带来的工作压力；感情不顺带来的感情压力；家庭不和谐带来的生活压力等。这些压力如果不能及时得到宣泄，就会转变为心理压力，引发负面情绪，时间久了，当负面情绪集聚到一定程度，就会爆发出来，伤害自己，也影响周围的人。

其实压力就是一把双刃剑，既可以激励我们前进，也可以把我们的生活搞得一团糟。聪明的人懂得不给自己制造太多的压力，而是适可而止，既能激励自己前进，又不会影响到自己的生活。

有一个寓言故事。

一个年轻人很喜欢下棋，隔三差五会和街坊邻居用瓦盆做赌注来博弈。他的棋艺还不错，赢了不少瓦盆。

当地的一个地主知道了这件事，就邀请年轻人和一些达官贵人下棋，赌注则是黄金。当然，这些黄金是由地主提供的，但是结果却出乎地主的意料，这位年轻人大败而归。

地主非常生气，质问年轻人为什么平时和街坊下棋能赢，和达官贵人下棋却输了？

年轻人很诚实地告诉地主，自己会输，并不是这些达官显贵的棋艺多么高超，其实他们下棋的技艺还不如周围的街坊。之所以会输，原因完全在自己身上。因为这次的赌注是黄金而不是瓦盆，黄金给了他太大的压力。

其实很多事情都是这样，当我们太在意某件事情的时候，就会太过用力，或者注意力过于集中，甚至把事情搞得一团糟。压力确实可以转化为动力，激励我们前行，但是当压力过大，超过自己的承受力时，效果就会适得其反。

2000年悉尼奥运会上，气手枪射击比赛第八发射击时，赛场的气氛紧张得让人窒息。中国选手陶璐娜端枪的手在微微发抖，枪口也在晃动，果然，这一发，陶璐娜只打了9.4环。

赛后，陶璐娜的教练表示，在一般的射击比赛中，运动员的脉搏约为每分钟130次，但是在这场比赛中，运动员脉搏跳动的次数达到了160次左右。而陶璐娜要射击的靶心的黑点仅有10毫米，也就是说0.1环的差距不过0.5毫米，胜负的差距就在毫厘之间。这就给射击运动员带来巨大的压力，如果运动员太过在意目标，压力过大，势必会影响心态，影响发挥。所以，在比赛的时候，如果不能以平常心来对待，很可能发挥失常，痛失奖牌。

其实不光是运动员，对于任何人来说都一样。压力既可以成为你前进的“助推器”，也可以成为阻碍你前进的“定时炸弹”。我们支持努力向上，但是不要给自己太大的压力，以免过犹不及。

过高地要求自己，用压力逼迫自己去取得不可能的成绩，只能让自己感到压抑和紧张，最后也未必会取得理想的成绩。另外，长时间的压抑自己，只会让负面情绪不断聚集，到了自己不能承受的时刻，必然会大爆发，到时候伤人也伤己，可谓得不偿失。所以，当压力过大的时候，不妨休息一下，等到心情平静了，再做，让自己轻装前进，这样反而更容易实现目标。

枕边箴言

生活不会一帆风顺，压力无时不在，如果不懂得减压，只会让自己活在痛苦当中，而且于事无补。所以，不要给自己太大的压力，人生本就艰难，何不随性一些，也许会有更好的结果。

2.化繁为简，各个击破

俗话说："一口吃不成个胖子。""欲速则不达。"面对一整块牛排，我们无法一口将其吞下，但是我们可以用刀叉将整块牛排切割成许多小块，这样就可以很方便地吃掉整块牛排了。

生活和工作中，我们也经常遇到复杂的难题，乍看之下没有头绪，无从着手。这个时候不妨将难题分割成许多小问题，然后一个个解决掉，这样复杂的难题也就迎刃而解了。

1983年，"蜘蛛人"伯森·汉姆徒手登上了400多米高的纽约帝国大厦，创造了吉尼斯世界纪录，此事轰动一时。

更令人想不到的是，汉姆的曾祖母听到这个消息之后，为了向重孙子表示祝贺，决定从100多公里以外的格拉斯保罗步行赶往汉姆所在的费城，以这种特殊的方式，为汉姆的庆祝活动增光添彩，此时，汉姆的曾祖母已是93岁高龄。

曾祖母刚到费城就被数十名记者包围了，原来老奶奶一不小心创下了耄耋老人徒步100公里的世界纪录。记者问这位老人，是什么勇气支撑她以90多岁的高龄来完成这件事的，难道就没有因为年龄问题动摇过吗？这位可爱的老奶奶很平静地说道："要知道，向前迈一步是不需要勇气的，只要你迈一步，接着再迈一步，然后再迈一步，这100公里也就走完了。不要把事情弄得过于复杂，看得简单一点，事情就解决了。"

事实确实如此，成功的秘诀也就这么简单，将复杂的问题一步步简单化，问题总会解决的。

生活和工作中确实会遇到一些错综复杂的难题，我们没有办法一下子就将它完美地解决掉。但是我们可以试着把难题分解成一些小问题，然后各个击破，这要远比我们费尽心思去找一个完美的办法实际得多，这其实就是一个完美的办法。虽然分解之后看似增加了任务量，但是当问题一个一个解决的时候你会发现，原来看似复杂的问题解决起来并不难。

枕边箴言

人的一生中，总会遇到一些乍看之下毫无头绪的难题，面对这样的难题我们应该如何解决并继续前进呢？最直接的办法，也是最简单的办法就是把这个大难题分解成许多小难题，先解决小难题，并感受成功的喜悦，然后激励自己一直朝着最终目标前进。只要你能脚踏实地地前进，离成功就会越来越近。

3.放下烦恼，快乐地生活

生活中我们都经历过这样的情形，遇到一些不顺心的小事就唉声叹气；遇到大的困难就口口声声“烦死了，烦死了……”不可否认，人的一生不会一帆风顺，总会遇到一些沟沟坎坎，影响我们的心情。但这就是人生的常态，如果遇事就苦恼，那么人生还有什么乐趣可言。

小李在城市里打工，每天过得忙忙碌碌，但是工资仅够一家人糊口，没能让老婆孩子过上富足的生活一直压抑着他，年纪轻轻的小李很少露出笑容，反而每天都唉声叹气。

这天发工资，因为工作中出现了失误，小李被扣了几百块钱，原本紧巴的生活更加困难。愁眉苦脸地回到家里，小李一屁股坐在沙发上，脑海里考虑一家人这个月怎么过。这时候，上幼儿园的儿子跑了过来，想让爸爸和自己一起堆积木。此时的小李根本没有心思陪儿子玩耍，就对儿子说："爸爸在想事情，等一会儿陪你玩。"

过了一会儿，儿子又过来找小李陪他玩，烦躁的小李没有理会儿子，径直走进卧室，并重重关上了门，留下儿子呆呆地立在沙发旁。

晚上吃饭的时候，儿子都不敢和小李说一句话，看着儿子委屈的脸色，小李也觉得自己做得有些过分。想要和儿子说些什么，但是又不知道怎么哄儿子。

晚上休息的时候，小李对妻子说："我最近时不时总对儿子发火？"妻子点了点头。小李长叹了一口气，说道："压力太大，太烦了，心情不好，连累你和孩子了。"小李的妻子说道："我知道你压力大，但是我们已经在城里安了家，比那些还在奔波的人好多了。虽然现在生活有些拮据，但是只要我们两个人一起努力，日子总会好起来的。你没必要总是这么愁眉苦脸的，弄得家里的气氛也很压抑。再说了，发愁也解决不了问题，既然解决不了问题，为什么不看开一点呢。愁是一天，高兴也是一天，我们高高兴兴地过日子不好吗？"

听了妻子的话，小李苦笑了一下，说道："我还不如你的心量大呢，放心吧，以后我再也不会愁眉苦脸地过日子了。"

其实生活原本有许多快乐，人们之所以有这么多的烦恼，大多是自己臆想出来的。试想一下，当我们还是孩童的时候，是不是觉得整个世界都那么美好，有一个好玩的玩具，有一块可口的点心就能让我们快乐许久呢？

现在的烦恼很多时候是因为奢求太多，总是渴望得到更多，满足更深的欲望，但是在得不到、满足不了的时候，就生出了许多烦恼。其实快乐很简单，就是放下烦恼，把一切回归简单。要知道，把复杂的事情简单化就是快乐，把简单的事情复杂化就得不到快乐。

所以，要想感受快乐，就不能总抓着烦恼不放。而且，烦恼是会不断累加的，时间久了，负面情绪就会占据你的心灵，让你烦上加烦。当然，适当的抱怨可以缓解负面情绪，但是不能从根本上解决问题，而且抱怨还会影响周围人的情绪，可谓损人不利己。但是当你放下了烦恼，你就会发现生活和工作中有许多闪光的东西，有许多值得你去珍惜的人和事，你的人际关系也会更加和谐，心情也会更加舒畅。所以，请放下烦恼，快乐地生活。

枕边箴言

放下烦恼，放下忧虑，放下生活中那些不必要的担忧。当你把烦恼甩掉之后，你会发现一切都是那么美好。其实快乐很简单，那就是甩掉烦恼，摆脱欲望的困扰。不要庸人自扰，更不要自寻烦恼。

4.感受自由，解放自我

人们都渴望自由，渴望无忧无虑的生活，但是生活中却有各种各样的法规条文在规范我们，也有道德条框在约束我们。当然，这些规范和约束是为了让社会更有秩序，让人们享受真正的自由。但是还有一些东西在桎梏着人们享受自由，而这些桎梏大多来自人们自身，比如欲望，比如各种负面情绪，比如自己的性格。这些桎梏让人们失去了自我，也失去了自由。

曾看过这样一个寓言故事。

一位很特别的老人来到了一个村庄。他在村庄的空地上生起了一堆火，然后用一根棍子在盛满水的碗里不停地搅拌，最后竟然有金子从这个碗里掉了出来。老人告诉村名，这就是炼金术。

面对如此神奇的法术，村民们都想学到。于是村长恳求老人将“炼金术”交给自己。老人答应了村长，将“炼金”的秘诀告诉了村长，同时告诉村长，在炼金的时候千万不能想树上的猴子，否则就炼不出金子了。

老人走了之后，村长就开始按照老人教授的方法炼金，而且一再告诫自己不可以想树上的猴子。但是他越告诉自己不要想树上的猴子，心里就想得越厉害，当然，他也就没能炼出金子。

无奈，村长把炼金子的任务交给了另外一个人，并叮嘱他炼金子的时候不能想树上的猴子。结果，这个人和村长一样，不停地告诉自己不能想猴子，但是猴子一直在他脑海里徘徊。就这样，全村的人都试过了，但是没有一个人能炼出金子。

当然，我们都知道故事中的炼金术是假的，但是这个故事揭示的道理却是真的。人总被内心里的一些杂念桎梏，无法真正解放自我，心无旁骛。

很多时候，我们想要超越自我，解放自我，感受自由。但是内心各种各样的思绪、欲望，还有性格上的缺陷，让我们无法彻底实现自我。

程东是一个很要强的人，也是一个欲望很强的人，总想出人头地，想比别人高一头。有时候为了达到目的，会用一些不正当的手段。

最近，程东想要拿到市政府的一个项目，他也明白，许多同行也在盯着这个项目。为了打败众多同行，拿到这个项目，程东做了许多出格的事情。一方面，他在市场上散布竞争对手的谣言，让这些竞争对手在市政府那里的形象大跌。另一方面，他还频频约见项目的负责人，请客吃饭不说，还向他们行贿。

要知道，天下没有不透风的墙。程东的这些做法最后还是败露了，而结果就是，他不仅失去了竞标的资格，公司多年树立起来的形象也大受其害，他的许多合作者纷纷表示要与其终止合作，公司的效益可以说是一落千丈。

人都有欲望，欲望有时会激励我们更加努力。但是如果被欲望控制则会迷失自我，一个人失去了自我，也就意味着失去了所有。因此，不管是在生活还是工作中，我们都不应该被欲望控制，被情绪左右，而应该从这些桎梏中解放出来，感受自由，享受生活。

枕边箴言

我们的人生确实不会一帆风顺，我们的追求也不会一蹴而就，但是如果在追求成功的过程中，将自己置于欲望、情绪的藩篱当中，这样不仅会丧失自由，还会迷失自我，甚至会将自己置于万劫不复当中。

第十四章

生活：享受生活，活在当下

生活不可能让你事事如意，既然如此我们应该学会积极地面对现实，学会享受生活，认认真真对待生命赐予你的每一天，每个小时，每一分，每一秒。

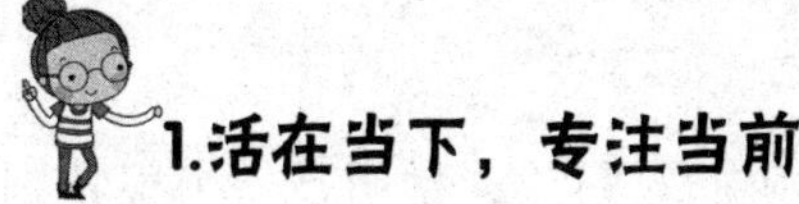

1.活在当下，专注当前

生活当中，有些人习惯为过去的事情懊悔，也有些人总是对不可知的未来感到担忧。其实这样做既不能让自己改变过去，也不能让自己预测未来，只会徒增烦恼，让自己变得更加懒散、拖延而已，也会让自己对当前的机会视而不见。

其实我们都知道，过去的已经成了过去，未来的还没有到来，但是就是不知道把握当下，专注眼前的事。要知道，人生匆匆几十年，有太多的事情是我们所无法把握的，我们能够把握的只有当下。

有一则禅宗小故事。

老禅师带着两个小徒弟，提着灯笼在夜里赶路。

突然一阵风吹过，灯笼被吹灭了。

“怎么办？”徒弟问。

“看脚下。”师傅答。

确实，当身处黑暗当中，看不到身前的路，也看不到身后的路，我们能怎么办？答案很显然，那就是“看脚下”。确实，在过去不可改变，未来不可预知的情况下，我们能做的就是“看脚下，看当前”。

看一看各行各业的成功人士，他们无不把“把握当下”当作人生准则，他们把每一个“今天”当作一个新的开始，专注眼前的事情，不在懊悔和担忧中浪费时间，才有了令人艳羡的成就。

姚明曾说：“如果专心做一件事，集中精力就能做好。”他是这么说的，也是这么做的。

在姚明加入 NBA 之前，休斯敦火箭队的法律顾问迈克尔·戈登堡曾到中国就姚明加入 NBA 的事与中国篮协进行会谈。会谈过程中，迈克尔得知姚明就在附近练球，于是提出会谈结束后想观看一下姚明练球的情况。中国篮协方面答应了迈克尔的请求。

观看结束之后，迈克尔对中国篮协的官员说，姚明是一个很特别的球员，他和其他球员不一样。据迈克尔介绍，姚明练球的时候很专心，心无旁骛，不像其他球员一样，时不时会关注一下场边参观的迈克尔等人。

事实上，姚明确实是一个非常专注、非常投入、注重当下的人。2007 年 3 月 10 日，这一天对姚明来说是一个特别的日子。这天，火箭队主场迎战基德和卡特领衔的新泽西网队，这场比赛火箭队赢得了比赛。而也就在这场比赛，姚明凭借一个罚球让自己的职业生涯总得分突破了 6000 分大关，但是他对这件事浑然不知。直到比赛结束，大家向他表示祝贺，他才知道自己已经有了这个成绩，不过对这个成绩姚明并没有多做评价，而是说道："是吗？我自己还不知道呢，只是我今天跑的比平时快了一些，这点我比较满意。"由此可见，在赛场上，姚明心里装的只是当下的比赛，没有其他的杂念。

其实很多成功人士已经证明了一点，那就是你只有把握现在，才能从过去走出来，也才能开创未来。生活不会一帆风顺，如果总是为昨天的失误后悔，为将来的不可预知担忧，而不把今天放在心上，即便有再远大的目标也不可能实现。一个人要想有所成就，就要专注于今天，一步一步地走下去，才能达成自己的目标。

枕边箴言

过去的事情已经成为了过去，不管是美好还是遗憾，都应不存在。

而明天属于未来，是我们所无法预知、把控的。既然昨天已经不可能找回来，而明天我们又无法掌控，那就没必要过分关注，应该多关注现在、今天。我们应该活在当下，因为这才是最真实的。

2.换个思路，少些抱怨

通常情况下，我们的思维可以帮我们解决一些常规的问题。但是不管生活还是工作，总有遇到非常规的问题的时候，这个时候常规的思维就起不到作用了。但是人往往都有惰性，或者是喜欢用习惯性思维解决问题。但是当问题得不到解决的时候，就频频抱怨，给自己找各种借口。

其实喜欢抱怨的人也明白，无论自己怎么抱怨，事情都得不到解决，但是他们控制不住自己。另外，抱怨不仅解决不了问题，还会让周围的人觉得你是一个不思进取的人，对你感到厌烦。所以说，遇到难题与其抱怨不已，不如转换一下思路，也许“柳暗花明”就在下一刻。

1915 年，巴拿马万国博览会在美国旧金山举办，中国应邀参加此次会展。在会展上中国展出了诸多中国特色的产品、商品，茅台酒也在展出之列。当时茅台酒被放在了农业馆内。虽然中国的农业展馆面积最大，但是进来参观的人不多。加上当时茅台酒是装在比较土气的陶罐中参展的，而且夹杂在一堆棉、麻、布匹当中，就更不显眼了。不过中国代表团成员知道茅台酒非常有竞争力，想着要是让这么有竞争力的展品埋没了，非常可惜。

于是他们打算给茅台酒换一个位置，让它更显眼一些。谁知道，在移动展架的时候，一名工作人员不慎将一罐茅台酒晃到了地上，摔碎了。不过这一碎，茅台酒的酒香顿时溢了出出来。代表团中的成员深知茅台酒的特色，他们灵机一动，认为没必要给茅台酒换展馆，只需要将茅台酒灌入酒瓶当中，酒瓶盖去掉，再在旁边放几个杯子就可以了。

当时代表团成员想到，农业馆比较空旷，而且展品都没什么气味，而酒的香气却可以充盈在整个展馆内。此招果然奏效，没过多久，许多爱酒人士就循着酒香找了过来，就连不爱喝酒的人，也因为茅台酒独特的香味而赶来一探究竟。就这样，参观人员纷纷斟酒品尝，并交口称赞，一时间，中国的展馆内人头攒动，热闹非凡。

工作和生活中，确实会遇到许多难题，甚至会遇到让我们束手无措的难题。但是这个时候抱怨于事无补，只能徒增烦恼。其实这些难题很多时候并不复杂，而是我们陷入了定式思维之中，循着一个思路走下去，只能走进死胡同。而要解决这些难题不难，只要试着多换换思路，多换换角度看问题，就不难找到解决的方法。

荀子说："自知者不怨人，知命者不怨天；怨人者穷，怨天者无志。"意思是说，有自知之明的人不会抱怨，掌握自己命运的人不会抱怨；抱怨人的人贫穷不得志，埋怨天的人没有志向。

事实确实如此，每个人都有自己烦恼和无奈，没有什么人能够一帆风顺，大多数人都是跌跌撞撞走完一生。现实中的牢骚满腹、怨天尤人没有任何意义，要知道，任何人的成功都不是在抱怨中取得的，而是不断改变自己、完善自己得来的。

总之，抱怨不会改变什么，也不会给你带来什么好处，充其量就是你宣泄一下，但是对解决问题没有丝毫益处。所以，与其抱怨，不如改变，换个思路天宽地阔。

枕边箴言

萧伯纳曾说过：“明智的人使自己适应世界，不明智的人则坚持让世界适应自己。”其实变通也是一种智慧，世界在不断发展变化，我们要想适应世界，也要学会变化。从根本上，变通是一种解决问题的方法，而且是非常有效的方法。遇到新的情况，或者走不通的路，改变一下方向，也许就会豁然开朗。

3.你不可能永远活在过去

相传，英国前首相劳合·乔治有一个习惯——随手关闭身后的门。他的朋友曾问他：“有必要这么做吗？”乔治答道：“当然，关上自己经过的每一扇门，就是关掉了过去，这样自己才可以重新开始，我这一生都在关闭我身后的门。”

诚然，每个人都有过去、辉煌、失意和懊恼，但是这一切都已经成为了过去。如果因为辉煌而满足，因为失意而颓废，因为懊恼而不前，那么以后的人生必然毫无精彩可言。

但是生活中偏偏有一些人喜欢活在过去，他们活在过去的“当年勇”里，活在过去“天生我材没有用”的不得志里。其实不管是成功还是失败，这些都成为了过去，当然，成功可以鼓励你继续前行，失败可以激励你发愤图强，但是你不应该把过去的成功和失败当作自己的整个人生，因为你还有未来可以期待，还有今天可以把握。但就是有人喜欢抱着过去不放。

明末的八旗子弟可以说是出了名的骁勇善战，纵横天下，一举灭了整个大明王朝。但是在统治了天下之后，八旗子弟就认为已经一劳永逸了，于是“刀枪入库，马放南山”，扬扬自得，认为大清王朝威名远扬，是万邦来朝的泱泱大国。这些八旗子弟开始过起提笼架鸟、飞鹰走狗的生活，挂在他们嘴边的则是：“想当年我家祖上……”

后来西方传教士来中国传播科技、文明，而清王朝还沉浸在自己的大国梦里，认为自己才是泽被天下的正统。直到西方列强的坚船利炮轰开了国门，八旗子弟才从过去的荣耀里惊醒过来，才发现昔日骁勇善战的八旗子弟在列强面前是多么的不堪一击。沉浸在大国梦里的八旗子弟们疏于训练，在列强们的枪炮面前弱的像豆腐渣一般，在列强的逼迫下签订了一系列不平等条约。最终，在辛亥革命的呐喊中，大清朝轰然倒塌。

我们都知道，社会一直在变，时间过去了，那一刻也就成为了历史，虽然历史可以为我们提供经验教训，但是我们没必要永远让自己停留在过去的时间里。一个人，要想不断前行，要想不断进步，就不能“好汉屡提当年勇”。而应该把当年的辉煌当作基础，当作经验，在这个基础上继续进发，这样自己的人生才能走得更久、更远。

当然，除了不能总是“提当年勇”，也不能总是沉浸过去的痛苦、失败、屈辱中，如果总是回想这些不快，这些充斥着负能量的内容就会像一颗可能随时爆炸的炸弹一样，不知道在什么时候就会炸响，阻碍你前进。过去的失败不需要时时记在心上，只要吸取了其中的教训，注意下次不再犯就可以了。一味地沉浸在失败的悲痛中，不仅于事无补，还很容易让自己错失眼前的快乐和幸福，而且对未来发展也没有任何益处。

因此，过去既已成现实，就不要花费过多的时间和精力去沉浸、去缅怀，过去的就让它过去，我们要做的是把握当下，展望未来，为自己的人生寻找新的开始。

枕边箴言

过去的一切不管是辉煌还是没落都已经过去了，一味地活在过去并不能让自己的人生精彩。要想活出人生的价值，就要从过去的桎梏中解放出来，勇敢地关上身后的门，向过去说再见。

4.未来也是值得期待的

明天会是什么样子我们都不知道，但是我们也经常对明天充满期待。我们期待自己的事业会越来越好，会前程似锦；会期待爱情美满，家庭幸福；会期待知己多多，友谊长存。这些期待未必会全部实现，但是也会激励我们朝着这些美好的愿望努力前行。

诚然，人的一生不会顺顺利利，很多坎坷挫折会在前路等着我们，但是我们依然要对自己的未来有乐观的期待，这种乐观的期待也就是渴望获得美好事物的愿望。当然，这种美好的期望会转化成巨大的能量，鼓励我们奋发向上。

不过也有一些悲观的人，他们认为自己无论多么努力都不能改变自己悲惨的命运，他们觉得荣华富贵、功成名就、安居乐业与自己无关，他们不认为自己能够获得幸福，他们认为这一切都是属于他人的，他们认为自己的人生没有希望。

徐颖性格内向，有一些自卑，她认为人的一生都是已经注定好的，无论自己多么努力，自己的人生也不可能改变。因此，平时遇到什么不如意的事情，她总会说：“这就是我的命，我这一辈子也就这样了。”听起来就像是几十岁的人在感叹生活一样，事实上她才三十岁出头。

性格决定命运，她对自己的未来不抱有任何期待。她既不期待自己的家庭能够多么和谐，也不期待自己在工作上能够有什么成绩，要说有什么期待，估计也就是希望自己的孩子能够有一个美好的未来。

因为对自己的未来没有期待，徐颖在工作也是得过且过，不求有功，但求无过，从不主动作为只是单纯地完成上司交给的任务。她的工作态度让领导很不满意。

有一次，领导找她谈话，对她的工作态度提出了质疑，认为她工作比较消极。徐颖对领导说："我觉得这样挺好，不需要去努力改变什么了。"听了徐颖的话，领导才意识到问题的严重性，他对徐颖说："你才三十岁，正是应该大有作为的时候。你未来的路很长，为什么就不能对自己的未来有所期待呢？再说，现在的年轻人上升势头很猛，如果你稍微懈怠一点，就有可能被别人替代，难道你愿意在这个时候被淘汰吗？"

虽然徐颖对自己的未来没有什么期待，但是她也不愿意被公司开除。另外，领导的话也让徐颖有所觉悟。确实，自己才三十岁，以后的时间还很长，为什么不奋斗一下呢，也许会让自己有所不同呢。

这次谈话过后，徐颖确实改变了，虽然变化不大，但是她确实开始努力争取进步了。而且徐颖本人也发现，当自己对未来有了期待之后，自己工作起来更有动力了。

事实确实如此，许多人之所以过得浑浑噩噩，就是对自己的未来没有期待，不知道自己应该朝哪里努力。只有对自己的未来充满期待，才会激励我们做出最大的努力，去争取事业上的成功，生活上的美满，去激励我们实现自己的理想。因此，请明确人生的未来需要期待，需要努力，而不要等待。

枕边箴言

你期待什么就有可能得到什么，如果对自己的未来没有任何期待，那么就什么都得不到。很多时候，并不是一个人没有能力，而是他自己放弃了未来。当然，除了对未来有期待，还应该有坚强的意志，坚定的信念。这样才能激励自己不断进步，实现理想。

下篇

抓住命运，打拼属于自己的未来

第十五章

幻想：幻想只会让你错失机遇

一个人必须拥有梦想，但并不是幻想。一个只会幻想的人，不仅会错失属于自己的机遇，而且会离成功越来越远。

1.机遇是可以努力创造的

机遇与我们的生活事业密切相关。有时候，正是一个偶然的机会让你打开了全新的世界，也许曾经的你一无所有，穷困潦倒，但正是因为机遇的青睐从而走上了一条康庄大道，从此平步青云。也许你感叹："为什么他人会有这样的机遇，为什么机遇总是会与自己擦肩而过呢？"其实，机遇并不会一直等你，也不会莫名其妙地从天而降，机遇是可以努力创造的。

机遇好比一只兔子，但是你不能复制"守株待兔"的悲剧，而应该凭借自己的努力和恒心去捕捉这只可爱的兔子。浩瀚无边的世界，要想捕捉到"兔子"的确不是易事，但是坐等兔子撞到树上更不可能。因此，要想拥有机遇，就需要你开动脑筋，行动起来，努力创造机遇。

请你记住，机遇并非可遇而不可求。机遇往往偏爱那些有准备的人，你看看身边那些获得机遇的人，他们都是很努力的人。天下从没有不劳而获的事情。

古时候，有个富人要出远门，万贯家财的他因为带走不了那么多的银两，故而将一部分银两分给家中的三位仆人。他给每个人分了 500 两白银之后，要他们保管好这些银两。富人走后，三个人开始支配这 500 两银子的生活。

三年之后，富人回到家乡询问三个仆人 500 两白银的使用情况。第一个仆人将 500 两白银用来投资经营，每日日出而出，日落而息，苦心经营自己的生意，他已经成为当地有名的富翁了；第二个仆人总觉得这些钱不属于自己，寝食难安，三年时间未动一两银子，原封不动地交给富人；第三个仆人将钱借给别人，收利息。

富人见状，决定带第一位仆人走。原来，富人已经成为一品官员，他决定将第一名仆人推荐给皇帝，因为第一名仆人懂得为自己创造机遇，创造机遇的人更容易获得成功，干成一番大事业。而其他两位仆人或墨守成规或胆小怕事，像他们这样的人很难成功。这个故事告诉我们，一定要努力创造机遇，才可能有机会获得更大成功。

在当前竞争激烈的社会，机遇不仅能够使成功的人更上一层楼，也能为失败者指明方向，使他们重获新生。不少成功人士正是依靠机遇获得成功和财富；而失败的人正是在黑暗中看到希望，靠着机遇赢来全新的生活。

枕边箴言

努力创造机遇吧！我们要想得到机遇，必须努力地去寻找机会，凭借敏锐的目光识别机会，果敢地抓住机遇，准备好利用机会，而决不能将机遇寄托在“掉馅饼”这些非常偶然的事件上，也千万不能抱着守株待兔的心理去消极地等待机遇。

2.空谈机遇永远不会成功

居里夫人说：“弱者坐待良机，强者制造时机。”机遇永远不会等待那些只是嘴上说说的人，纵使再高谈阔论也会与机遇无缘。相反，一个心中充满希望、勇于打拼的人，能够时刻抓住机遇。

越王勾践惨败，被迫到吴国当奴隶。在吴国，勾践受尽了耻辱，他并没有因此而自暴自弃，并未选择就此而了结自己的一生。他在为自己创造机会。勾践小心翼翼地伺候着吴王，这被吴王感动了，决定释放他回家。机会就这样得到了。被释放后的勾践下定决心，一定要抓住难得的机遇，为此，他重整旗鼓。十年的时间改变了勾践，也改变了越国，十年之后越国发生了翻天覆地的变化。最终，越国灭掉了吴国。勾践没有空谈机遇，而是抓住难得的机遇，最终报仇雪恨，终成一代枭雄。现实生活又何尝不是如此呢?

某大型公司面试之前，三位面试者信誓旦旦，分别对其他人说，一定要抓住这次难得的机遇，这家公司可是我梦寐以求的。的确，该公司每隔几年才招一次，而三位员工也是经过了层层选拔和考核，最后在众多应聘者中脱颖而出，成功地进入最后一轮面试的。三位面试者都信心满满，希望能留下来。

最后一次面试他们的是公司的董事长，面试前，董事长特意将一团废纸放在了门口。第一个面试者进入之后，将一团废纸轻轻地踢到一边，径直走向面试官前，开始自我介绍时，出门时也没有理会废纸；第二个面试者进来之后迟疑了一下，考虑到面试官还在等待他，所以也没有理会废纸；第三个面试者进来的时候，依然没有理会废纸。

最后，董事长没有面试他们之中的任何一个人。他们并没有把握住近在眼前的机遇，就是因为一个小小的错误而与好工作擦肩而过。后来，三位面试者也明白了问题所在。无论是之后的工作还是求职，他们都能够静下心来认真观察，把握机遇，创造奇迹。

对于我们每一个人而言，把握机遇并非空谈，需要我们认真观察并付出更多的努力。当机遇摆在你面前的时候，请学会珍惜，请不要空谈，请不要轻易地将它丢弃。

枕边箴言

改变不了过去，但可以改变现在；改变不了世界，但可以改变自身。明天的幸福，在于自己今天的把握。今天的机遇会造就更加出彩的人生。把握机遇，把握未来，拥有快乐，走向成功。放下空谈，成就更加美好的你。

3.将空想和行动结合起来

许多人完全知道成功必须做什么，但是迟迟不愿意采取行动。他们或者想象成功之后一顿美食，或者想成功之后的安逸，或者想成功之后拥有多么美好的祝福和掌声，但是却永远止于空想。著名的精神学家、精神分析学大师弗洛伊德将空想称为“白日梦”。他认为，所谓的白日梦是指一个人在现实生活中的某些欲望得不到满足，于是通过一系列的想象实现所谓的欲望，以达到心理上的平衡与慰藉。

一个喜欢空想的人，是不会有前途的。只有将空想和努力结合起来，才能得到你想要的东西。

一年的夏天，一位来自马萨诸塞州的乡下小伙拜访著名的文学家、诗人爱默生老先生。小伙子告诉老先生，他从小自学，对诗歌喜爱至极，从7岁时便开始从事文学创作。但由于家境不好，请不到好的家庭教师，所以诗歌长进不大，所以不辞辛劳来拜访爱默生先生寻求指导，希望先生能够指导他。

先生见这位小伙谈吐不凡，对其极为欣赏，二人相谈甚欢。临走之前，诗人留下几首诗，并请老先生给以指点。老先生读完诗稿后，发现诗写得虽然有些青涩，但如果努力的话，必然会成为一代大师。爱默生决定凭借他的影响力来提携他，并将其诗稿推荐给文学刊物。虽然反响不大，但是爱默生希望诗人能够继续努力，于是两位诗人开始了频繁的书信往来。

起初，青年诗人的信件长达几万字，大谈文学问题，这让爱默生极为欣赏，经常在圈子里提到他，很快青年诗人在文坛的名气大大提升。

但不久之后，青年诗人再也没有给爱默生寄来诗稿，每次的信件也都是谈些空无边际的话语，言语中充满了傲慢。

爱默生感觉到了不安，对诗人的态度也逐渐变得冷淡。秋天，爱默生邀请诗人参加文学聚会。聚会上，爱默生问诗人："后来为什么不给我寄诗稿了呢？"诗人回答道："我在写一部长篇史诗。"爱默生表示不解，他认为这个小伙擅长写抒情诗，写长篇史诗不符合他的风格。但诗人不以为然，他告诉爱默生，他以后是要成为大诗人。爱默生无言以对，告诉这个小伙，不要止于空想，要付诸行动。

转眼间，冬天到了。诗人虽然继续给爱默生写信，但始终不提起自己的长篇史诗，篇幅也越来越短，言语间尽是沮丧和泄气的情绪。直到有一天，他终于在信中向爱默生承认，这么长时间他什么也没有写，所谓的大作品都是在吹嘘，根本就是自己的空想。爱默生看了之后，尽是惋惜之情。

年轻的诗人，本可以成为一代著名诗人，本可以超越爱默生，但却一直活在了自己编织的幻想中，最终一事无成。

枕边箴言

谁都会有空想的时候，但是，请记住，天地如此广阔，世界如此美好，等待我们的不仅仅是一对幻想的翅膀，更需要一双踏踏实实的双脚。将空想和行动结合起来，努力奋斗吧！

4.抓住一切可能的机遇

海阔凭鱼跃，天高任鸟飞。机遇往往属于那些有准备的人。当机遇到来时，你需要调整好自己的心态，不断地完善自我，抓住一切看似可能的机遇。千万不要抱有“机遇太小，根本不会带给我太大的改变”这样的心态。你没有去做，又怎么知道结局呢？你需要明白，错失机遇带给你的不仅仅是懊恼，还有无限的等待。当机遇来临时，为何不抓住呢？与其等待，不如把握每一个可能的机会，从而收获不一样的人生。

我们每个人不要以“幸运儿”的身份默默等待机遇，既要学会以“创造者”的身份去创造机遇，更要以“实践者”的身份去把握机遇，这样，才能真正体味成功带来的喜悦。那究竟我们该如何把握每一个可能的机遇呢？

第一，调整好自己的心态。你需要清晰地认知自己的知识储备和各方面能力，然后不断地提升自我，而不是每天止步不前，纯粹地等待机遇的到来。这样做的目的在于能够督促自己不断进步，而且也能够使自己在机遇来临时收到意外的惊喜。

第二，踏踏实实地做好每件事情，认认真真地过好每一天的生活。在踏实工作中，去寻找可能的机遇。不想踏实苦干，整天异想天开，是不可能得到机遇的。

第三，保持良好的人际关系，准备好把握机遇的客观环境。在工作场合，他人对你的评价在一定程度上会影响老板对员工的评价。当然，我们无法保证让每个人都满意，但是起码要努力提升自己在他人眼中的形象。这样，当一个好机会来临时，老板会更倾向于将机会给你。

第四，要有时刻抓住机会的眼光。面对每一个人机遇，每个人都有自己的看法和理解，每个人的出发点也不尽相同。究竟该如何抉择是摆在你面前的问题。这种情况下，除了结合自己的职业规划外，还需要具备敏锐的目光。这样，你才会取得事半功倍的效果。

你要明白，获得机遇的路途并非一帆风顺，但一旦机遇来临，就必须克服一切困难和挫折，冲破障碍，收获成功的果实。千万不要把近在咫尺的机遇溜走，而是要当机立断，付诸实践，不断向成功迈进。

一个大好的机会，如果错失了，那是一种悲哀；一个普通的机会，如果因为努力而变成良机，那是一种幸运。一个真正有能力、勤奋的人，无论机遇大小，都能打破困境，不断学习，创造属于自己的舞台。

枕边箴言

其实，机遇就在每个人的身边，关键是看你如何把握。人生给了成就我们的机遇，我们要学会审时度势，善待机遇，酿造成功的美酒。你播种了机遇的种子，又何惧机会女神不会降临你的身边？你把握了机遇，又何惧人生不会馈赠你？从今天起，把握每一次机遇，缔造美妙的人生。

5.把握方向，叩响成功的大门

轮船在海面上航行并非一帆风顺，一场风暴很可能让它倾覆。而这时，舵手需要做的就是找准航行的方向，不让它迷失在无边无际的大海之中。我们的人生何尝不是如此呢？人生的道路并非都是一马平川，你会遇到很多岔路口。遇到这种情况时，我们该做的就是把握正确的方向，当遇到岔路的时候可以当机立断，做出明确的抉择，以叩响成功的大门。

人必须有一个正确的方向，一个人如果没有了正确的方向，就会整天生活在迷茫和痛苦之中，渐渐地失去了斗志，遗忘了最初的梦想和抱负，最后甚至会走上一条不归路，耽误了自己的大好青春年华。

荷马史诗《奥德赛》中有这样一句发人深省的名言：“没有比漫无

目的的徘徊更令人无法忍受的事情了。”一个人没有方向，做什么事情都会漫无目的，不仅仅会让自己处于无限的迷茫和恐惧之中，也会让自己四处碰壁。相反，只要有了正确的方向和道路，就会充满信心，不放弃不逃避，越容易在人生的道路上取得辉煌和成就，更早地叩响成功的大门。

王治郅，一个曾经无人不知、无人不晓的名字，第一个前往美国NBA打篮球的中国人。但他也曾在篮球道路的岔道口迷失过方向。2002年，他因拒绝代表中国出战第十四届亚运会而被中国篮协除名。之后的他出现了前所未有的事业低谷，四年的时间他迷茫过，沮丧过，但也正是这四年的时间改变了他的人生轨迹。

2006年4月，当他再一次站在人生道路的十字路口时，他选择了另一种道路。他向国人道歉，决定为国效力。这一次的他，脸上早已褪去了稚嫩，多了几分稳重与成熟。回国后，他认真训练，指导队员，带领八一篮球队拿下了CBA总冠军。这一次，他把握住了自己的人生方向，再次成为国人骄傲的对象。

你看雄鹰展翅腾飞，是因为它知道自己的方向是蓝天，所以才有了它搏击长空的豪情；你看河水奔流不息，是因为它知道自己的方向是大海，所以才有了它勇往直前的气概。因而，我们每一个人都要学会把握好正确的人生方向，走正确的人生道路，才能让生命之花尽显娇艳。

无数的岔路口，但绝对不是我们迷失的借口。面对岔道，我们绝不能左顾右盼，举棋不定，不知该驾驶自己的列车驶向何方。我们必须要握好方向盘，做出正确的抉择。否则，等待你的除了悔恨，更多是失败和悲伤。

千里之行，始于足下，只要紧握命运的方向，只要出发，就有希望到达终点，获得成功。

枕边箴言

迷茫与困惑谁都会经历，恐惧与逃避谁都会有过。命运需要我们自己把握。不要把困惑与逃避当成自怨自艾的借口，越早找到方向，越早找对道路，就越容易叩响成功的大门。你的未来你做主！

第十六章

希望：希望再小，也是希望

未来是不可预知的，哪怕一点点希望，也要学会坚持，因为谁也不知道下一秒会发生什么。

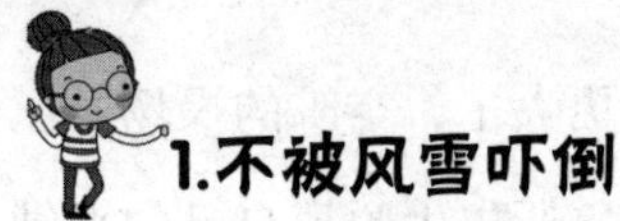

1.不被风雪吓倒

一年三百六十五天，不可能天天都是晴天，总会有刮风下雪的天气。有的时候我们固有的观念已经习惯了现有的清风日丽的美好，而不愿去承受风雪带给你的种种考验。如果一个人总是固有的生活状态，而不愿去做出新的改变，不愿经历风雪的洗礼，故步自封，只会让你一辈子困在原地，坐视他人成功。

其实，风雪并没有我们想象中的那么可怕，只要有勇气，迎难而上，总会迎来风雪之后的七色彩虹。每个人的成长亦是如此。成长过程中遇到的挫折困难取决于你用什么样的眼光去看待它，又采取何种行动去克服它、战胜它。

这是一年的冬天，比往常的冬天更冷一些，暴风雪像洪水野兽一样打破了原本属于这个学校的安静。坐在教室的学生们抱怨天气太冷，冻得他们连一本书都拿不起来，一支笔都握不住，又怎么能好好读书。在大家的抱怨声中，布鲁斯老师急匆匆地走进教室，雪花沾满了原本浓密的黑发，衣服也被打湿了。

与往日不同的是，布鲁斯先生脸上没有了往日的温和，露出一脸的严肃，与屋外的天气形成了鲜明的对照。孩子们见状，立马停止嬉闹，坐到自己的位置上，惊讶地望着布鲁斯先生。正当大家怀疑眼前的老师是否是以往的老师时，布鲁斯先生说："请大家起身，我们到操场上去。"

同学们都不相信自己的耳朵，觉得这是老师在开玩笑，先生告诉孩子们："今天我们要在操场上站立五分钟，如果今天有人不上这堂课，那以后就永远不再进我的课堂了。”孩子们百思不得其解，大部分孩子不得不听从老师的命令，乖乖地走向操场。当然，还有一些孩子留在教室，不愿去。

就在孩子们即将踏上操场的那一刻，风雪更大了，空旷的操场，压倒的树枝让许多孩子不得不望而却步，这时布鲁斯先生脱掉自己的羽绒服，毅然地站在操场的正中央，告诉孩子们：“站好，让我们经受风雪的洗礼吧！”看到瘦弱的先生，孩子们谁也没有吭声，老老实实地站成三列纵队，一动也不动，形成了一道亮丽的风景线。

五分钟过去了，先生平静地说：“解散。”孩子们默默地回到教室。先生告诉孩子们：“孩子们，这就是我们这节课的主题。在教室里，我们总以为自己敌不过这次风雪。事实呢，如果我让你们站半个小时，你们也能顶得住风雪的洗礼。面对困难，面对风雪，我们总是戴着放大镜去看它，但实际上它并没有那么可怕。如果你和困难拼搏，你会觉得，所谓的风雪也不过如此。”孩子们受益匪浅，在以后的学习和生活中，都能够牢记老师的教诲，敢于和困难对抗。

风雪并不可怕，可怕的是自己的内心；困难并不可怕，可怕的是自己没有战胜它们的勇气；人生并不难走，可怕的是你还没有走就告诉自己已经输了。每个人的人生都不可能一帆风顺，既然风雪兼程，就应该选择勇敢地面对，努力追梦。

枕边箴言

不退缩，不低头，迎接风雪努力地奔跑吧！勇敢地面对自己，挑战人生。风雪中一点小伤小痛如果能换来未来的美好又怕什么呢？努力奔跑吧！因为人生最大的敌人是自己。只要勇敢点，再勇敢点，就能够战胜暴风雪，迎来晴天。

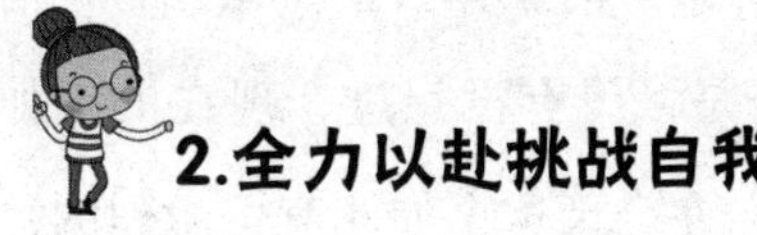

2.全力以赴挑战自我

这个世界上有三种人，一种人是所谓的旁观者，总是抱着试试看的心态去做事，这种人一般都不会成功；第二种是所谓的参与者，这种人有可能成功，但概率比较低。

第三种是全力以赴的人。这种人在做一件事情时，总是会不惜一切代价，不完成目的誓不罢休。事实证明，只有这种人才能成功。这些人拥有一个远大的梦想，清楚地知道自己想要什么，要付出怎样的努力才能得到，以及为什么自己一定能够得到。在他们看来，所谓的完不成都是借口，有条件自己要努力，没有条件创造条件也要上，全力以赴地挑战自我，完成梦想是他们的人生信条。

一天，猎人带着猎狗去打猎。猎人今天的运气特别好，走了离家不到 1000 多米的地方就看到一只兔子在草丛吃草。猎人凭借精湛的技术一枪击中兔子的后腿，兔子见状开始拼命地奔跑。猎人命猎狗飞奔而去追赶兔子。可是追着追着，兔子却一溜烟不见了踪影。猎人对猎狗非常不满："你怎么这么没用，不就是一只受伤的兔子吗，怎么连它都追不到！"猎狗听了也非常不服气地告诉猎人："我已经尽全力了！抓不到我也没办法。"

兔子带伤回到洞里，洞里的兄弟们都感到非常惊讶，围着兔子问："你受了伤，又有猎狗的追赶，你是怎么跑回来的呀？"兔子不紧不慢地回答："猎狗是尽力而为，而我是全力以赴，这就是区别，如果我不全力以赴的话，我的命就会就此终结。"兔子们听了它的话，纷纷向它表示赞扬。

生活中有很多机会，也有很多困难，是做全力以赴挑战自我的兔子还是只是尽力而为的猎狗呢？也许在面对失败时，你会给自己找各种借口，再堂而皇之地打上尽力的标签。但是，你有没想过，现在的你如果全力以赴可能就是另一个不同的结果。在今天这个如此竞争激烈的社会，尽力而为远远跟不上时代的步伐，没有全身心的投入，没有全力以赴你永远不知道自己的潜力有多大。

同一件事情，不同的动机，不同的态度，不同的付出，自然会产生不同的结果。也许当你认为自己尽了最大努力的时候，你的对手正在全力以赴地超越你，打败你。你要明白，全力以赴不仅会为你营造积极主动的心理态势，更能让你突破原来的极限，产生超出想象的能量，从而让自己成功。

枕边箴言

要想成就大事，就必须要做一只全力以赴的兔子，而不是一只尽力而为的猎狗。成功需要全力以赴、挑战自我的拼劲，而非尽力而为的态度。从现在开始，全力以赴地挑战自我吧！

3.度过苦难就是成功

十年前，他在一家不太景气的国企上班，每月拿着微薄的工资，即便省吃俭用，日子也过得非常拮据。十几年如一日，他们一家三口只能挤在一间不足20平方米的单身宿舍，客人来了连招待的地方都没有，一台25寸的彩色电视机是家里最值钱的东西。不过他坚信通过自己努力工作，好好表现，就可以评职称，涨工资，让全家人过上舒适的生活。

但是，上天并没有眷顾他，这样一个小小的愿望都没有实现。企业管理内部混乱，长期的经营不善，亏损非常严重，单位不得不裁减员工，而他也在其中。为了不失去工作，他拿出仅有的一点积蓄找到领导，请领导不要让他下岗，但事与愿违，他最终还是下岗了。

这时的他应该是最绝望的时候，上有老下有小的生活压得他喘不过气来。他也曾失落、迷茫过，不知未来的路在何方。但是，如果他此时不坚持、放弃的话，家人怎么办？此时他想到了出去打工。但打工的收入也很微薄，不够养活一家人。无奈之下，他决定做小买卖。小买卖并没有如人们想象的那么顺利，刚开始收入比较微薄，但他从中看到了希望，认为只要好好努力，就一定能让家人过上好日子。七八年后，他终于摆脱了贫困，过上了小康生活。

如果当时他没有坚持下来，又是怎样的生活状态，或穷困潦倒，或碌碌无为。他用自己的经历告诉我们，只要坚持，就有成功的希望，即使生活对你多么不公平，但都不能阻止你努力奋斗打拼的脚步。即使希望渺茫，也要学会坚持。虽然你的坚持不一定会成功，但是你不坚持一定不会成功。

枕边箴言

或许每个人都会度过一段迷茫灰暗的人生，但请你视其为考验自己的时刻。当灰暗的灯光逐渐点亮，照亮梦想的道路时，你会感谢当初的自己，感谢当初一再坚持的自己。

每个人都有被挫折挡路的时候，都有连自己都看不清自己的时候，就算伤痕累累，也要整理心情重新出发，因为谁也不知道下一刻会发生什么。

4.即使命运不济，也永不放弃

一张纸片可以变成废纸被扔在地上，被我们踩来踩去，也可以任由我们作画写字，也可以由我们叠成纸飞机，飞得很高，让大家仰望。纸片的命运多种多样，更何况人呢？人生的旅途或许坎坎坷坷，但就算再不济，也要将命运掌握在自己手中，就算再不济也不能放弃生活的希望。

17世纪初，一位不幸身患绝症的工程师失魂落魄地走在法国巴黎街头。也许，这对于他来说是最大的不公，看着熙熙攘攘的人群，耳边萦绕着医生的话语："你已经病入膏肓，随时可能引发中枢神经系统病变，并导致死亡。"他迷茫了，这是他活了四十年以来经历过的最大的打击，他觉得一定是上帝跟他开了个玩笑。站在红绿灯街头的他，一时间不知所措。

刚过完40岁生日的他，年富力强，面对无力改变的现实，工程师彻底绝望。他觉得命运对他太不公平了，这个世界为什么要抛弃自己。工程师日思夜想，从出生到努力学习到工作求职，突然想到大学时候的一个梦想，写一篇关于王子和公主历险的童话故事。想到这里，工程师决定在"临死"之前实现自己的梦想。

但这对于工程师来说又谈何容易，画画零基础的他遭遇了诸多瓶颈，他放弃了工程师的工作，一切从零开始。他穿梭于图书馆查资料，整日面对着白纸、铅笔、橡皮，整天沉浸在创作氛围之中。渐渐地，他忘记了病痛，也一步步地离梦想越来越近。

五年后，他创作的童话故事终于问世，并受到了出版社的赞扬。很快，这本童话集以《睡美人》为书名风靡全球。他就是法国17世纪最著名的童话家佩洛。后来，佩洛又创作了《小拇指》等一系列童话故事，畅销全球。当有人问他为什么有这么大的转变时，他说："命运再不济也不是我们放弃的理由。当面对不公，我们总是理所当然地认为这是世界抛弃了我们，其实是我们抛弃了世界。"

不同的人生，不同的命运。人生中的坎坷、挫折或许会让我们暂时的迷茫颓废，但是请不要放弃。当你抱怨命运对你不公时，何不静心来视其为命运对你的挑战。你要学会与命运抗争，与命运对抗，打败劲敌，突破自我，换来新生。

枕边箴言

人生是一条看不到尽头的路，不要留恋逝去的梦想，不要抱怨现在的不济，学会向前看，永不言弃应该成为你一生不变的信条。时光的沙漏里记录了你的坚韧与坚持，终有一天萃取而出的成果会是掷地有声，众人艳羡的"成功之果"。

5.一切都是最好的安排

有个国王喜欢狩猎，一天与宰相微服私访。宰相是一个很乐观开朗的人，经常挂在嘴边的一句话就是："一切都是最好的安排。"一天，国王和往常一样，到森林打猎。国王"狠、快、准"地射倒一只花豹。国王非常欢喜，立即下马察看死花豹。但是，谁也没想到的是，花豹在濒临死亡之际使出最后的力气扑向国王，将国王的小指咬掉一截。

回到王宫后，国王非常苦闷，叫来宰相饮酒，谁知宰相微笑地告诉国王："事情既然发生了就想开点，要知道一切都是最好的安排。"这句话让原本就很苦闷的国王怒火中烧，便随口对宰相说："如果寡人将你关入监狱，这难道也是最好的安排？”宰相回应道：“如果真是如此的话，我也相信这是最好的安排。”国王听了宰相的话，决定让宰相吃点苦头，立马将其关入监狱。

一个月后，国王的伤口逐渐愈合，他并没有带任何人独自出游。国王走到一处偏远的山林，但国王万万没想到突然一队土著人将其五花大绑，带回部落。原来，这是一支原始的部落，今日正好是月圆之时，每逢这个时候他们就会寻找祭祀满月女神的牺牲品，而国王正好成为了他们的祭品。

正当国王绝望之际，祭祀突然发现国王的小指头少了半截，认为他不是完美的祭品，随即将其放走。这让国王非常高兴，国王下令将宰相放出，并宴请他。国王对宰相说：“你说的真是一点也没错，一切真的是最好的安排。如果我没有被花豹咬伤，今天就连命都没有了。”

紧接着国王又问：“你平白无故地在监狱里待了一个月，这又怎么解释呢？”宰相笑道：“如果我不在监狱，陪伴您微服私访的一定是我。如果土著人不烧死您，那岂不轮到我了。”国王听了，相视一笑，原来一切都是最好的安排。

当我们面临不幸，何不把眼光放长远一些，不要自怨自艾，不要怨天尤人，因为一切都是最好的安排。

枕边箴言

一切都是最好的安排，一切看起来都那么的顺理成章，当你跌入谷底，也要相信终有一天你会厚积薄发，奔向最高峰。让我们一起感谢命运，感谢命运的安排吧！

第十七章

思考：拓宽思路，问题不在话下

解决问题的思路有很多种，碰到难题的时候，换个角度思考，你会得到意想不到的惊喜。千万不要执拗于一个思路，否则你会陷入一种死循环，无法逃出。

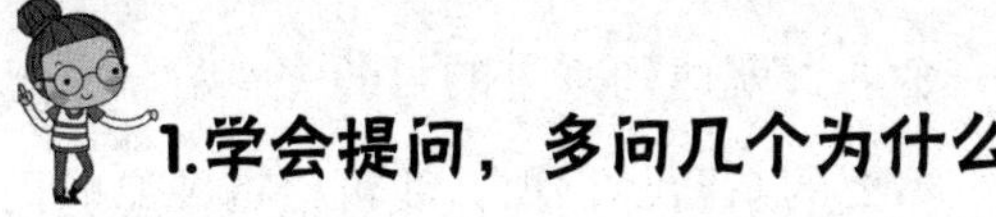

1.学会提问，多问几个为什么

无论是在生活还是在工作中，我们都要学会提问，多问自己几个为什么。多问几个为什么，能避免我们走弯路，少出问题。而一旦出了问题，我们更应该学会多问几个为什么，刨根问底，这样才能让我们从源头上解决问题，而不是暂时地应付过去。

在问为什么的过程中，我们最起码弄清楚了两件事情：第一，明白什么是已经知道的事情；第二，明白什么是未知的事情。之后，在既定的基础之上，我们就可以通过已知来解决未知的事情，实现我们的目标和理想，进而获得成功。

四位乘客，分别是医生、画家、物理学家、哲学家，他们搭载一艘轮船旅行。四人谈笑风生，欣赏美丽的风景，没想到轮船走到一半出现了问题。船长非常无奈地告诉他们四个人，他们当中必须有三个人跳下去，否则这艘轮船就会沉没，大家谁也活不了。船长想出一个主意，让这四个人准备最好一句话，看谁的价值大，谁就可以留下来。

四个人顿时陷入了思考，其中的三位率先发言。医生说：“我是一名无私奉献的医生，治病救人是我的天职，我的价值不言而喻。”画家说：“我是一位可以为人类创造价值的艺术家，可以为大家带来享不尽的视觉盛宴。”物理学家说：“我研究各种难懂的知识，不仅可以满足人类对知识的欲望苛求，还能够为人类的进步发展做出巨大贡献。”三人讲完后，唯有哲学家还没有说话。

其实，哲学家之所以不紧不慢，并不是在反思自己对社会的价值和作用，而是在反思为什么船长要让其他三个人跳海？因为轮船出了故障，只有减重才可以继续航行。哲学家自认不懂轮船的构造，但是有没有什么方案，可以不牺牲任何一个人，就达到减重的目的呢？哲学家思考再三，回答道：“我们可以把不要的东西都扔掉，我可以拆掉船舱内的座椅，将它们扔掉，这样我们大家就都可以活下来了。”

哲学家的智慧在于质疑，学会思考，在提问和思考中解决了这个问题。试想如果哲学家也像其他三个人那样，那么他们当中真的有人葬身大海了。

爱迪生说：“喜欢问为什么是一项巨大的财富。”这句话告诉我们，要想成功，就要学会保持寻根问底的习惯。多问几个为什么，成功的答案就在“为什么”后面。

枕边箴言

要有效地解决问题，就一定要从问题出发，学会提问，多问几个为什么。在提问和质疑中，问题就得到了有效解决。

2.从全新的角度思考问题

罗丹说：“换个角度思考问题，生活会展现出另一种美。生活不是缺少美，而是缺少发现。”生活或是工作中我们会遇到一些很难解决的问题，这种情况下千万不要钻牛角尖，要学会换个角度思考，从全新的角度思考并解决问题。

大千世界无奇不有，面对难题，我们要学会正确地看待，勇敢地面对，才能更好地生活。一件事情如若从不同角度思考，就会看到不同的风景，得到不同的感受。只要我们在做事情的事情，多做一些思考，多换一些角度，就算再困难的事情，也不能阻挡我们前进的脚步；再棘手的难题，只要换个角度，从全新的角度来思考，也许就会得到解决。

一位秀才进京赶考，中途进入一家旅店歇息。秀才带着必胜的信心，相信自己一定能在考试中拔得头筹。考试前两天的晚上秀才做了三个奇怪的梦：第一个梦是梦见自己在墙上种白菜；第二个梦是梦见下雨天，自己身披斗笠还打着伞；第三个梦是梦见和心上人脱了衣服躺在一起背靠背。秀才觉得这些梦很奇怪，决定找个算命先生解梦。

算命先生听完秀才的阐述后，告诉秀才："我劝你还是放弃考试吧！你已经没有什么希望了。你想，高墙上种白菜不是白种吗？下雨天身披斗笠即可，打伞不是多此一举吗？和心上人脱了衣服却背靠背这显然不是告诉你没戏吗？"秀才一听，顿时觉得晴天霹雳，他决定立马收拾东西准备回家。

就在他准备回家的时候，店老板见到了他，就问他为什么要回家。秀才随即将算命先生的话告知了老板。老板听了，脸上露出愉悦的笑容。他告知秀才："我觉得你的希望很大。"秀才不解，老板接着说："高墙上种白菜不是高中吗？戴斗笠还打伞不是有备无患吗？你和心上人背靠背不是说明你翻身的机会即将来临了吗？"秀才听完，恍然大悟，一改心灰意冷，充满自信地参加了考试，结果金榜题名，中了个探花。

试想如果秀才相信算命先生的话，打道回府，连一个翻身的机会都不给自己，或许他一辈子只能当个穷秀才。而店老板的一席话，让他从全新的角度来思考问题，因而才有了意想不到的收获。

我们的人生何尝不是如此呢？恰如一枚硬币，有正面也有反面，正面即为快乐幸福，成功与希望，反面即为忧愁苦闷，挫折与绝望。面对挫折，何不将其视为人生对你的考验，在挫折中蜕变，在失败中成长；面对绝望，何不静下来沉淀自己，在绝望的世界里寻找些许火光，照亮未来的旅途。

枕边箴言

冬天来了，春天还会远吗？一片落叶，也许你悲叹它“零落成泥碾作尘”，但是只要换个角度，从全新的角度来思考，你便会发现它“化作春泥更护花”。

3.开拓思路，发散思维

一个问题有一百种解决的办法，而要寻求这些方法，就要学会发散思维。所谓发散思维是指沿着不同的方向、角度来思考问题。多数人遇到问题，思维总局限于固有的模式，问题很难得到有效解决。倘若能使用发散思维，从其他方面入手，则效果会大不相同。

汽车超速是导致车祸率较高的原因之一，大家都认为如此，因此在马路边设置了许多拍照设备，一经发现超速就会罚款，还是没有解决问题。意大利为了解决这个问题，在路面设置了特殊的感应装置，如果汽车超速就无法正常行驶，从而使得意大利因汽车超速而导致的车祸率大大降低，问题得到有效解决。

美国纽约里士满区有一所著名的穷人学校，1983 年一位名叫普热罗夫的捷克籍法学毕业生在做毕业论文时发现，从这里毕业的学生在纽约警察局的犯罪记录最低。为了弄清楚原因，普热罗夫进行了为期近六年的调查，他走访了里士满区的每一所学校，发放了三千多份问卷，主题是：“圣·贝纳特学院教会了你什么？”在收到的所有问卷中，近 75% 的人回答他们知道了一支笔有多种用途。

普热罗夫感到不解，为此他专门走访了当时纽约市最大的一家皮货商店的老板。老板告诉他："的确，贝纳特牧师教会了我们这个。入学之初，老师让我们写的第一篇作文题目就是一支笔的用途。而很多同学都理所当然地认为铅笔只有一种用途，即写字。但是老师告诉我们铅笔还可以用做尺子画线，当作礼品送人表示友好；商人可以出售赚取利润；铅笔的芯可以磨成粉；演出时可以化妆；在遇到紧急情况时，削尖的铅笔还可以自卫等等，总之，铅笔有很多用途。"

老板紧接着告诉他："贝特牧师是想通过这个话题告诉穷孩子，我们虽然穷，但是我们有手有脚，有大脑，只要想好好地生活，都能够活下来。"

普热罗夫听了恍然大悟，后来他又走访了一些从该学校毕业的学生，发现他们无论贫困富有，都有一份自己的职业，并且他们都生活得非常乐观。并且，他们无一例外地能够说出铅笔的至少 20 种用途。

当我们面对难题时，不要愁眉不展，要想想难题应该如何解决。正面解决不了，从反面去思考。总有一种思路让难题得到解决。总之，开拓自己的思维，走出固定思维的定式，就一定能走向成功。

枕边箴言

面对问题，面对人生，摆脱固有的束缚，学会从不同的角度去思考，发散思维，真正地去解决问题。一支笔有多种用途，一张纸，一个鸡蛋又何尝不是如此呢？拓宽思路，信心满满地去解决问题吧！发散思维，成就最优秀的自己！

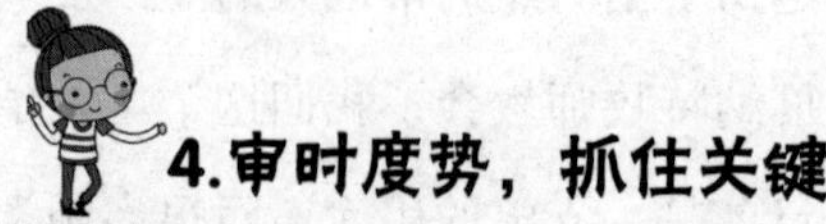

4.审时度势，抓住关键

青蛙下定决心与雄鸡比赛歌喉，但最后都落了个不好的名声，成了人人喊打的对象。究竟是为什么呢？原来它们选取的时机不对。青蛙选择在夜晚一展歌喉，大家都觉得它好聒噪，而雄鸡却在快天亮时，唱了一遍，人们认为其是让人愉悦的闹钟。雄鸡审时度势，在适当的时候做了适当的事情，得到了大家的认可，可见审时度势对成功的重要性。

毕加索懂得审时度势，顺应时代的发展要求在世界上赢得了顶级荣誉；鲁迅为拯救国民学医，但渐渐他明白精神上的麻木远比疾病更为可怕，为此他审时度势，毅然选择弃医从文，决心从精神上唤醒麻木的国民，他做出了一个漂亮的抉择。

成就一番事业，不仅仅靠勇气、学识和拼搏，还需要审时度势，抓关键，抓机遇。陈天桥便是这样一个传奇人物。当面临人生抉择时，他选择放弃大家所谓的“铁饭碗”，把握住网络的商机，创办网络公司。他凭借自己的智慧和果敢果断进军网络市场，在短短的五年时间将 50 万资产转变成 150 亿，不仅成为中国最年轻的富豪，而且为中国的网络行业发展做出了巨大贡献。

陈天桥用自己的经历告诉我们，所谓的成功不仅是你拥有超越其他人的智商，你的高学历，以及你的努力拼搏，而且更需要你审时度势，抓关键，抓机遇。

现今这个竞争激烈的社会，善于审时度势，抓关键对于人乃至企业都是非常重要的。对于个人而言，如果能够审时度势，抓住有利时机，不仅能够为自己提供更大的提升空间，而且也能够给自己带来美好的前途；对于企业而言，倘若审时度势，抓住有利时机，把握时机，抓关键，能让自己立于不败之地。

人生就好比一场歌唱比赛，谁能审时度势，谁能适时高歌，谁就可能是赢家。让我们做一只报晓的雄鸡，审时度势，把握人生的关键，高歌一曲。

枕边箴言

审时度势，善于抓关键，抓住有利时机，是成功的一个重要因素。我们生活的环境无时不刻地在变化，时代在变，思想观念在变，生活的方式也在变。一个人，如果总是按部就班，生搬硬套，不能因势利导，审时度势，又如何在这个变化多端的世界立足呢？

从今天起，做一个审时度势的人，善于抓住时机，克服困难，解决问题；做一个审时度势的人，把握关键，赢得新生。

5.认真思考，而不是走马观花

小明和小红在李老师的组织下进行了一场吹乒乓球比赛。规则如下：两个人将乒乓球从一个杯子吹到另一个杯子，再吹到下一个杯子，以此类推，一直吹到最后一个杯子为止。期间如果一次吹过了两个以上的杯子或直接吹到终点，就要重新开始。小明听完，立马变得兴奋起来，觉得自己身强力壮，一定能赢过小红。

比赛开始了，小明立马就将球吹到另一个杯子里。为此，他感到非常兴奋。兴奋之余，他看到小红正在目不转睛地盯着乒乓球看，好像在等待什么。小明见状，心里是既高兴又觉得好笑，心想今天的赢家非他莫属。就在他继续吹到第三个杯子，激动不已时，他使劲一吹，球一下子飞出了杯子，没有到达终点。

原本兴奋的心情一下子变得灰暗，再回头看看小红，她不紧不慢，认真观察，稳稳当当地吹，最后赢得了比赛。小明之所以输，不在于他实力弱，而是输在了没有认真思考和观察上，而小红之所以能够赢得比赛的关键在于她在做事之前先思考，认真观察风向，最后稳扎稳打，战胜了对手。

这件事情告诉我们，无论我们遇到什么事情，一定要冷静下来，仔细观察事情的发展方向和动态，认真思考，进行有效应对，才能得到我们想要的结果。

认真思考，不要走马观花，意在告诉我们任何事情都有一定的发展规律。只有认真思考，认真观察的人，才能找到规律，进而把事情办成。

孔子有言，学而不思则罔，思而不学则殆。可见，思考对一个人来说是至关重要的。通过认真的思考我们就可以做出正确的选择和决定，避免错误的发生。

枕边箴言

一次认真的思考，顶得上一百次的走马观花。当你认真思考，而不是浅尝辄止的时候，你解决问题的能力会提升得很快。而止于走马观花，你将永远也解决不了问题。更不可能走向成功。

第十八章

精力：元气满满，前程不可估量

一个活力满满的人，必然是一个心态积极乐观的人。他们在完成自己的任务和工作时，也给大家带来了满满的正能量。

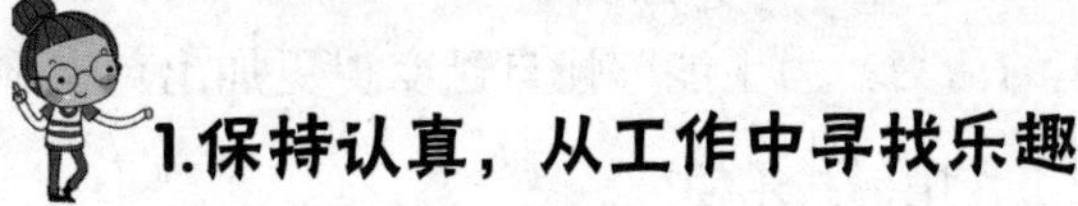

1.保持认真，从工作中寻找乐趣

当我们选择一项工作时，不仅仅选择了工作带给我们的成就和快乐，也选择了工作即将给予我们的挑战和可能会遇到的困难。伴随着时间的流逝，或许现在的你早已厌倦了工作，但是为了生活，又不得不每天按部就班过着八点上班、五点下班的生活。如果每天都是这个样子，那这份工作又有什么意思呢？与其每天不遵从内心、敷衍了事的工作，不如坐在家里看看电视，陪伴家人。

工作是每个人一生中必做的事情，工作的目的也不仅仅是为了满足我们的物质需求，而是为了提高自己的处事能力，开阔视野，增长自己的见识，并通过工作实现自己的人生价值。一个人通过认真努力去工作，在工作中追求个人的奋斗目标，实现个人的理想，何乐而不为呢？

与此同时，你必须保持积极向上的心态。心态对一个人的生活工作起着至关重要的作用。一个人心态好了，就不会厌倦自己的工作。心态乐观向上的人无论何时都能够认真努力地对待每一个任务，即使是最简单的事情，也能从工作中找到乐趣。若能发现工作中的乐趣，压力也会随之减轻，整个人精神生活状态就会好很多。

心理学家曾做过这样一个实验，他将 18 名学生分成两个小组，每组 9 人，其中一组的学生从事他们感兴趣的工作，另一组的学生做他们毫无兴趣的工作。结果发现，第二组同学或是心不在焉，或是为自己找各种理由想要逃离实验现场，而第一组的同学大都认真地工作，积极地思考，正干劲十足地完成自己的手头工作。

这个实验告诉我们，有的时候我们厌倦一份工作往往不是因为工作本身造成的，工作本没有好坏之分，而是因为工作本身的乏味无趣所导致的，它消磨了人们对工作的活力。为了能够让自己变得更加出色，唯一的要求就是保持认真，在工作中寻找乐趣。

一位年轻人说："我的工作太失败了，我刚刚在一笔生意中亏损了10万元，我已经完蛋了，再也没脸见人了。"很显然，亏损已成既定事实，但是说自己没脸见人完全是自己的主观臆断。既然事情已经发生了，那就学会静下心来，考虑一下是哪个环节出了问题，是因为内心的厌倦，导致自己没有认真工作，还是因为其他什么原因？

林肯曾经说过一句话："只要心里想快乐，绝大部分人都能够如愿以偿。"对于工作，何尝不是如此呢？如果我们能够时刻保持认真谨慎的态度，时刻在工作中找到乐趣，那又何必担心自己实现不了梦想和价值呢？因此，身在职场的我们，都要学会保持认真的工作态度，在工作中寻找乐趣，发现不一样的自我。

工作需要动力，需要时刻注入新鲜的活力。我们无法改变压力，但我们可以决定自己对工作的态度。既然有些事情已成既定事实，那就将精力集中到现有的工作上来，通过努力工作来改变自己。

枕边箴言

工作乏味不想工作是每个人都会出现的情况。此时的你应该放下手上的工作，思考当初那个朝气蓬勃的你哪去了，重拾对工作的乐趣，保持对工作的认真。只有这样，你才能够越来越喜欢自己的工作，做一名职场达人。

2.放松自我，摆脱压力束缚

快节奏的生活工作状态，升职加薪的压力，买房买车的压力，这都会给我们工作中带来无形的压力。一个人面临的心理压力越大，就越会出现心态不稳的问题。一旦心态不稳，问题随时可能出现。为了摆脱压力带来的恶果，放松自己就显得非常重要。

白岩松刚开始进入央视时，承受着其他人无法想象的压力。但是他最终坚持了下来。有人问他为什么能坚持下来，他说自己如果感到压力非常大时，就想尽办法让自己放松，摆脱压力带来的束缚。

作为电视人，他长期承受着别人无法想象的压力。刚开始做主持人时，发音不准，一紧张还会出错。有的时候因为念错字还会为此扣工资，这让白岩松感到无所适从。有的时候他费尽心思，千辛万苦做了一个节目，但却得不到大众的好评。种种压力让他觉得不是滋味。

经历过迷茫徘徊，白岩松决定还是要勇敢地与压力做斗争。他告诉自己，压力再大这也是自己选择的道路，这是自己的工作。众口难调，你又怎么能让每个人都喜欢自己的节目。面对打击和观众的不满，白岩松学会了坦然面对。他说："一个人状态好的时候要有危机感，特别差的时候也要学会平静下来，因为你不知道下一刻会有什么好事等待着自己。"

工作之余，白岩松喜欢用音乐来释放自己。他迷恋摇滚乐，喜欢"清醒乐队"，他也爱听马勒的交响作品，因为他觉得"老马"还在痛苦中挣扎，可是自己已经走出泥潭，并且过得很好。也正是这样好的心理调节和适应能力，让他能够一直坚持走下去。

现在的白岩松已经是一位金牌电视人。现在的他早已褪去了脸上的稚嫩，多了份成熟与稳重。曾经被工作压力压得喘不过起来的他早已不在，现在的他已经学会了时刻减压，放松自我，在压力中突破自己，不断超越。

怎样处理工作压力，其实就是一场如何把握人生、挑战人生的学问。你与压力对抗，坦然面对，自然就不会受压力的束缚。相反，如果你总是走不出压力的阴影，带给你的结果可想而知。

枕边箴言

学会减压，工作之余放松心情，或是运动，或是发泄，或是来一场说走就走的旅行。你需要与压力说再见，在压力中进行一次新的职业旅程。

3.用热情影响周围的人

工作热情是一种积极向上的态度，是对工作的执着和喜爱。生活告诉我们，热情能够创造不凡的业绩。热情好比吹动船帆的风，没有风，船就不能行驶，热情就好比工作的动力，没有动力，工作就很难有起色。

在实际工作中，一个人如果缺乏热情，就会变得胸无大志，不思上进，无所作为；一个单位、一个领导班子如果缺乏热情，就会缺乏凝聚力和团结力，失去创新力。有了热情才会有十足的干劲，才敢于直面挑战和困难，承受挫折。

一个人如果能将热情倾注到自己的工作和学习中去，就会焕发出不一样的状态。

从秘书学校毕业后，凯伦想找一份医药秘书的工作。信心满满的她带着简历奔赴于各大面试场所。但是由于刚毕业的她缺乏工作经验，很多公司都拒绝接受她。这让凯瑟琳觉得很无奈，她决定改变现有的状态，通过热情来赢得工作。

在经历了无数次的失败和打击后，凯伦决定重拾信心，用热情去打动面试官。面试途中，她就不断地给自己打气，告诉自己："她要得到这份工作。"她告诉自己："她要这份工作，她是一个勤快而自律的人，她一定能够做好这份工作。"凯伦一直对自己重复这些话，直到信心满满地走进办公室。

面对面试官的提问，她不慌不忙，脸上丝毫没有懈怠的表情，并且热忱地回答每一个问题。最后，面试官聘用了她。入职几个月之后，面试官告诉凯伦，当初他看到她的简历上没有任何经验的时候，本不打算录用她，只是给她一次礼貌的谈话而已。但是，没想到，正是因为凯伦的热情感动了面试官，他决定给她一次机会。没想到，工作后的凯伦一直保持面试时候的热情，不仅感染了面试官，也感染了周围的同事。这让面试官非常满意。

一个内心充满热情的人，会把眼前的工作当作是自己的责任。对自己的工作充满热情，不仅会让自己的精神状态饱满，也会影响周围的人。无论工作有多么的困难，无论工作给予你多大的挑战，工作热情的人总是能够不骄不躁地完成自己分内的工作。抱有这种态度的人，更容易获得成功。

爱默生说："这个世界上，任何一项伟大事业的成功都是因为热情。"热情好比是迈向成功之路的指标，是你在各行各业立足的必备条件。还在等什么呢？带着满满的热情去工作吧，用热情带动自己，也用热情感染他人。

枕边箴言

工作是一种任何人都无法逃避的责任。一旦开始工作，每个人都不能忘记自己的使命。有了工作热情，就能时刻保持朝气蓬勃、奋发有为的精神状态。只有带着工作热情，才能真正体会到工作的价值和真谛。

4.调整心态，克服厌倦

一条大河隔开了两岸，一边住着凡夫俗子，一边住着僧人。凡夫俗子们每天看着僧人们无所事事，悠然自得，每天的生活不过就是诵经撞钟，好不自在；僧人们看到凡夫俗子日出而作，日落而息，每天忙忙碌碌，非常充实；对方都非常向往各自的生活状态，都希望有一天可以放弃现在的生活，去过不一样的人生。他们每个人心里都渴望着到对岸去。

终于有一天，凡夫俗子和僧人们达成了协议，他们交换了位置，凡夫俗子过上了僧人的生活，僧人们过上了凡夫俗子的日子。起初，双方都觉得很有新鲜感。他们的内心非常愉悦，但是没承想，没多久，他们就厌倦了改变后的生活。

凡夫俗子早已习惯了每天的忙忙碌碌，而僧人们的生活太过悠闲让他们无所适从，于是他们开始怀念以前的日子；僧人早已习惯了以前的舒适安逸，而现在的他们根本无法承受世间和生活给予他们的种种烦恼和艰辛，于是他们开始怀念以前的日子。他们开始希望过回以前的日子。

任何一种时间工作久了都会产生厌倦，感觉自己厌倦了一切，感到无处可走。我们希冀着改变，希冀着换份工作，但是就算你换了工作，过段时间是否又会厌倦呢？其实，问题并非出在工作身上，而是自己的内心出了问题。在工作中，一个人要不断学会调整自己的心态，只有善于调整心态，方能让自己立于不败之地。

为什么会出现职业倦怠呢？主要有以下几点原因。

（1）对现有的薪酬、职位、发展状态等不满，但是你不敢下定决心跳槽，怕之后的工作不如现有的工作。

（2）人际关系压力。有的人性格比较内向，感觉难以融入同事们的生活工作圈，工作时总感觉孤立无援，身在公司但却感觉前途渺茫。

（3）工作性质。有些工作每日就是简单的重复，枯燥乏味。

（4）工作压力。工作任务重，时间紧，难度高都会给我们带来诸多压力。一个人如果长期处在高压之下而不知道如何释放自己，对工作的满怀热情也会随之衰减。

（5）生活中的问题，诸如失恋、亲人的分离等，将生活的情绪带到工作中来，这些都会让我们对工作厌倦。

在弄清楚原因之后，就要学会调整心态，针对性地解决了。如果是不满现状，那就勇敢地向上级领导部门反映，或者提升自己的能力，让领导心服口服；如果是人际关系的原因，就要学会主动与同事们沟通，融入这个大集体；如果是工作性质的原因，就可以申请体验其他的工作，轮换岗位；如果是生活的原因，可以休假先解决生活中的事情，当心情好了再去工作。总之，学会调整心态，只有这样，才能成为职场中那颗最闪亮的星星。

枕边箴言

克服厌倦，调整心态，活力满满地迎接每一天的工作；克服厌倦，调整心态，做职场的主人，主宰自己的人生。

第十九章

感恩：学会感恩，幸福近在眼前

幸福其实很简单，存在于生活的方方面面。不要去抱怨命运的不公，学会拥抱幸福，拥抱命运。

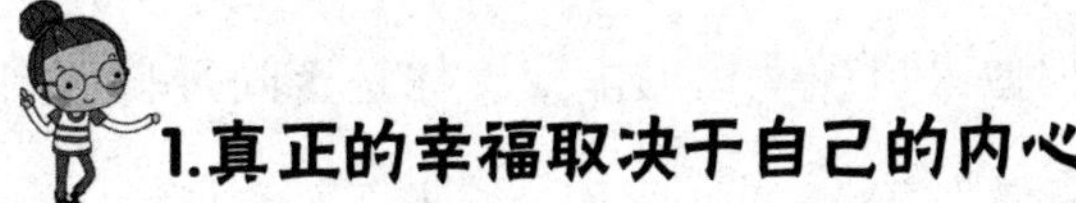

1.真正的幸福取决于自己的内心

物欲横流的今天，车水马龙的世界，快节奏的生活，也许你无暇考虑幸福的含义，也许你夜以继日地为名为利工作。你告诉自己，有一天当你拥有钱、车或者房就会幸福，但有一天当你拥有充足的物质财富，你会发现自身感觉不到幸福的存在。其实，那些只有心灵充实的幸福才是幸福的真谛。

也许你从外表可以判断出一个人是否富有，但凭你的经验也许还无法肯定一个人是否真的幸福，至少你不能窥探一个人的内心，因为每个人的内心世界都是大家无法感知的。而判断一个人是否幸福，只有真正地走进他的心灵深处，才能明白他到底过得幸福还是不幸福。究其根源在于，幸福是一种很微妙的感觉，它跟物质财富没有必然直接的联系，对于那些真正幸福的人来说几乎跟物质完全没有关系。

幸福是自己的真实感觉所在，与他人的评价无关。即使是一无所有的乞丐，也很幸福。也许你感叹他们身无分文，但是他们有一颗平和的心，一颗与世无争的心。他们将名利抛弃，在他们看来，唯一的牵挂就是去哪里寻找午餐。也许在外人看来，他们毫无幸福，但是当你发现他们享受美食后躺在长椅上懒洋洋地晒太阳的样子，你就会发现自己对他们的判断是错误的。也许你觉得他们衣衫褴褛，食不果腹，落魄不堪，但是他们内心却觉得自己很幸福。身为外人的你又怎么能评价他人幸福与否呢？

每个人都会受到外界的影响，很多时候我们很容易忽视自己的感受，顾及他人的感受而迷失了自我。你羡慕他人可以开奥迪上班工作，不考虑自己的经济能力，也不考虑是否实用，二话不说就去买车。你认为随之而来带给自己的是满满的幸福，但其实你花费昂贵的资金买下的仅是一种优越感，一种他人口中幸福的虚荣。你是否问过自己满足自己的虚荣心就是一种幸福吗？

其实，幸福是一种很简单的事情，是一种心态，它和金钱、地位与名利没有直接关联。一个人并不是身在高位就会幸福，也不是因为身无分文就与幸福擦肩而过。你看那些辛苦劳作的农民伯伯收获粮食的喜悦，他们的心中充满满满的幸福。真正的幸福是精神上的满足，心理的充实，身体的健康，更重要的是摆正心态，不和他人攀比。最后，你会发现自己其实是一个幸福的人。

我们都应该生活得更坦然些，更平和些，保持积极向上的心态，这样才会活得更加自然，才会活得更加快乐。当你心态好的时候，幸福就已经轻轻地叩开了你的心扉。只要自己幸福快乐就好，又何必在乎他人的看法和眼光呢？

我们每个人都会找到属于自己的幸福，无须听从他人的评价和审视，无须用质疑的眼光怀疑自己，怀疑人生。幸福与否由你自己说了算，其他人的评判都不能成为你幸福与否的阻碍。

枕边箴言

伟大的哲学家亚里士多德曾经说："幸福就是自足，幸福的自足就是无求于外物，而自满自足。"这句话告诉我们，幸福与否，并不取决于身外之物有多少，而是取决于一个人的内心。所以，摆正心态，去发现身边的幸福吧！叩响内心的大门，触摸幸福的真谛。

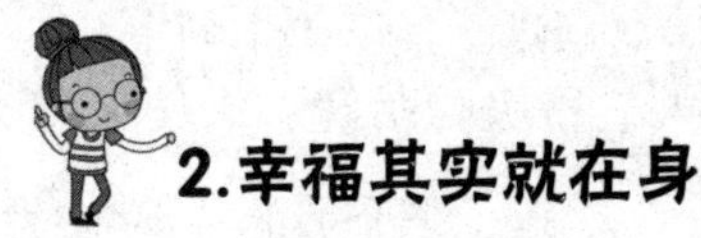

2.幸福其实就在身边

生活总是充满各种意外，或是挫折困难，或是各种痛苦坎坷，你在默默坚持完成人生的每一个阶段，但是心里却难免抱怨。你感叹人生："我没有遗忘幸福，但幸福却遗忘了我"；你抱怨人生："上帝对自己太不公平了，幸福女神不是与自己擦肩而过，就是忘记职责所在，跑到哪里偷偷睡懒觉去了。"

为了寻找所谓的幸福，你费了很大周折，不顾风吹日晒，却始终也找不到。当你停下来不准备寻找时，无意中却发现幸福就在自己身边。

凛冽的冬夜，他人为你递上一杯热开水，这就是幸福；日常生活里亲人给你带来的呵护和温暖，这就是幸福；开心时有人与你分享，患难时有人与你一起度过，这就是幸福。幸福随手可及，又何必非常执拗地问自己找不到幸福，因为发现不了幸福而郁郁寡欢呢？每个人都可以触碰幸福，随时随地。

乐于助人的天使遇到了一个诗人。诗人满腹经纶，一表人才，妻子是典型的贤妻良母，但他自己觉得过得并不快乐。天使问他："你不快乐吗？我怎么样才能够帮到你呢？"诗人看到天使，对天使说："其实我什么都不缺，但是只缺一样东西，你可以给我吗？"天使告诉诗人："当然可以，你需要什么尽管开口吧！"诗人随口告诉天使："我要的是幸福。"

天使听了诗人的回答，百思不得其解，苦思冥想之后喜笑颜开，说："明白了。"天使决定夺走诗人的一切，让他变成一无所有的人。天使拿走曾经让他满怀骄傲的才华，夺走他的财产，夺取他妻子的性命。做完这些事后，天使转身离开了诗人。

一个月之后，天使再次找到诗人，诗人过得极为落魄。天使见状，把他之前拥有的一切还给他，然后再次转身离开。半个月后，天使发现诗人搂着自己的妻子，没有了往日的愁眉苦脸，过得非常幸福。他告诉天使："我已经找到自己的幸福了，以前我以为身边的所有都是理所当然，但是只有失去的时候才知道原来幸福就在自己的身边。"天使告诉诗人："那就好好珍惜自己身边的幸福吧！"从此以后，诗人每天都沉浸在自己的幸福之中，与妻子恩爱有加，甜甜蜜蜜走完了幸福的一生。

对诗人而言，他并不是缺乏幸福，而是缺少发现幸福的眼睛。当所有的一切都成为幻影，才想到珍惜，才发现原来幸福就在自己的身边。幸福就像一缕阳光，有了幸福我们的生活才会暖暖的。幸福的感觉是甜蜜的，是快乐的，是无法用语言和文字形容的。

幸福是一种与众不同的体验，不是腰缠万贯，不是名利双收，不会因为你是穷人就失去幸福。幸福更多的是一种感觉，一种无法用语言表达的感觉，与他人无关。哪里有生活，哪里就会有幸福。其实，幸福就在你的身边。说不定现在，幸福女神就已经来到你的身边了。

枕边箴言

我们并不缺少幸福，缺少的是一双发现幸福的眼睛，幸福就在自己身边。也许是一句话，一个手势，一个微笑，都有着幸福的味道。不要再去抱怨幸福总是与你擦肩而过了，幸福其实早在你的身边静静地等你去发现。

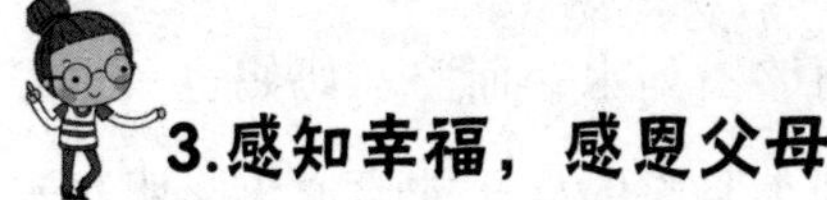

3.感知幸福，感恩父母

世界上最大的恩情莫过于父母的养育之恩。子欲孝而亲不在是多少人的悲哀，父母是这个世界上最无私的人，值得我们每个人用生命去珍爱，用最真诚的心去感谢，用实际行动去感恩。父母是我们人生中的第一任老师，从一个孩子呱呱坠地的那刻起，他的生命就倾注了父母无尽的爱。或许，父母不能够给我们很好的生活，但是他们给予了我们一生中都不可替代的生命。

“羊有跪乳之情，乌鸦有反哺之义”，每个人都应该有尽孝之念，千万不要等到想要尽孝的时候而父母已不在人世，留下人生的遗憾。所以，现在的我们要从身边的小事做起，学会感恩父母，回报父母。也许你抱怨自己不能给父母更多物质上的回报，但是你可以给父母更多的精神、感情上的慰藉。不管你是否能够陪伴在父母身边，要时常怀有一颗感恩的心。

享受父母的爱是幸福的。你也许抱怨父母不能给你更好的生活，但你是否想过那些流落街头的孤儿没有父母陪伴的辛酸；你也许抱怨父母不能天天陪伴你，但你是否想过那些留守儿童几年才能见父母一次；你也许抱怨父母不理解你，但你是否想过其实他们都是为了让你少走弯路，为了你变得更加优秀。所以，你要学会重新审视自己，感知父母带给你的幸福。

广阔无垠的沙漠，烈日似火，这是骆驼妈妈和它半岁大的孩子走过的最长的路。母子俩一连走了好几天，早已筋疲力尽，而且他们已经好几天没有喝到一滴水了。小骆驼没有经历过苦难，快坚持不住了，骆驼妈妈一直鼓励着自己的孩子，告诉它马上就走完这段路了。在妈妈的鼓励下，小骆驼一步步地走着，终于又翻越了一个小土丘。

这时，令它们喜出望外的是，它们发现不远处有个小水池。母子俩高兴极了，竭尽全力走到水池旁。可是当它们好不容易到了小水池旁，小骆驼由于脖子太短水位太低而够不到水；而骆驼妈妈也只是很费力才能喝到一点水。骆驼妈妈看到小骆驼的样子非常心疼，眼里充满了泪水。

骆驼妈妈思忖片刻，告诉骆驼："以后的路就要你自己走了，妈妈走了之后你要学会坚强。"没等小骆驼来得及问妈妈什么意思，骆驼妈妈纵身一跃跳入水池，水池的水涨高了，小骆驼喝到了水，但是它再也看不到自己的妈妈了。从此以后，小骆驼谨记母亲的教诲，坚强地走完了人生的每一段路。

骆驼妈妈对小骆驼的爱是无私的，它不求回报，只希望自己的孩子过得幸福。人的一生又何尝不是如此呢？父母用爱将我们养育成人，却不奢望一丝丝的回报。对父母而言，孩子们幸福快乐，就是最大的安慰和回报。身为儿女，更应该学会感知父母带给我们的爱与幸福，珍惜幸福，感恩父母。

学会感恩父母吧，千万不要等到他们不在人世的时候才追悔莫及。在父母看来，感恩并非不需要太多的物质财富，一个电话，一个拥抱，都会让他们觉得很幸福。记得再忙，也不要忘记对父母的问候，记得体谅父母，感谢父母。

枕边箴言

感知幸福，感恩父母。所谓的幸福，也许只是父母一句温暖的话语，父母一个小小的鼓励，有父母陪伴的日子永远是幸福的。每个身为儿女的都要学会感恩，感谢父母给予我们生命并将我们养育成人，感谢父母陪伴我们走过人生的每个阶段，感谢他们带给我们的欢声笑语。

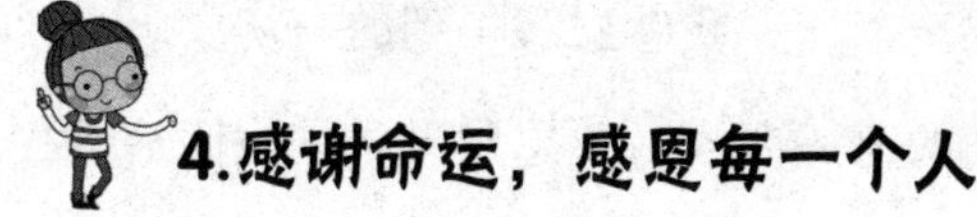

4.感谢命运，感恩每一个人

鲜花感恩雨露，是因为雨露滋润它成长；高山感恩大地，是因为大地让它高耸；苍鹰感恩长空，是因为长空可以让它翱翔。是什么创造了你？是精子与卵子千万分之一的机会，还是社会带给你的种种考验与磨炼？也许命运是这个问题最好的答案。它对每个人都是公平的，给予了每个人生活的机会。

她是一个天生失语的小女孩，从小和妈妈相依为命，但她过得很快乐、很幸福。贫穷并没有让小女孩觉得不堪，失语也没有让她觉得卑微，对她而言每天最幸福的事情就是妈妈辛苦工作回来后给她带回一块小小的蛋糕。虽然蛋糕很小，但是她还是喜欢与母亲分享这小小的幸福。

一切看起来都是那么平淡，一场狂风暴雨却打破了看似平静的生活。这一天，狂风暴雨，已经到了很晚了妈妈还没有回来。天色越来越晚，雨越下越大，小女孩决定顺着妈妈每天回来的路去找妈妈。但是小女孩万万没想到，在离家不到200米的地方，妈妈头破血流地躺在地上，手里拿着一块小小的蛋糕。小女孩这才明白母亲已经离开了她。

雨一直下，小女孩也不知道哭了多久，她知道母亲永远不会醒过来。但小女孩此刻擦干眼泪，用手语告诉自己的母亲她以后一定会坚强地活下去。也许你可能会想命运对她太不公平了，但是小女孩不这样想。后来，小女孩被送往福利院，她每天都坚强乐观地生活。她没有抱怨命运的不公，而是与命运不断对抗，十几年后她与她的伙伴成立了聋哑人救助中心，帮助更多的人，快乐幸福地生活着。

有人问她为什么能快乐地生活时，她回答说：“既然来到了这个世界，为什么不开开心心地生活呢？我要是过得不开心，会传染给其他人的。我有义务让别人开心、幸福。当然，我感恩我得到的一切。

感谢命运，感恩生命中遇到的每一个人。感恩父母，是他们给予我们生活的权利；感恩朋友，是他们与我一起分享酸甜苦辣；感恩老师，是他们教会我做人处世；感恩每个阶段你遇到的人，是他们让你知道了缘分的意义。

感谢绊倒你的人，因为他助长了你的坚韧；感谢伤害你的人，因为他练就了你的精神；感谢抛弃你的人，因为他教会了你勇猛。感恩，感谢……

枕边箴言

感谢命运，感恩生命里遇到的每一个人。正因为有了他们，我们才会觉得快乐，感知到自己的存在。

第二十章

实践：行动派会走得更远

纸上谈来终觉浅，绝知此事要躬行。不要总开空头支票，你需要成为行动派，用行动证明一切。

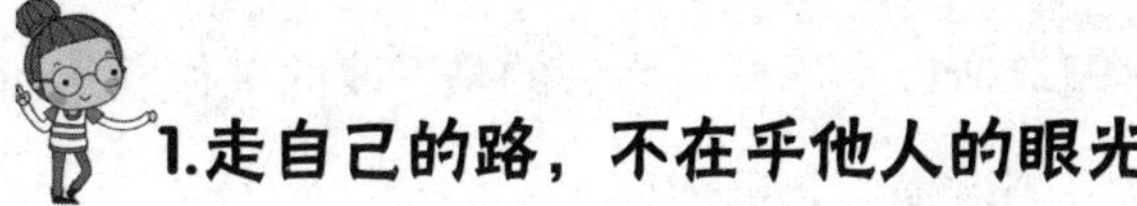

1.走自己的路，不在乎他人的眼光

他是英国自学成才的化学家、物理学家，被誉为“近代化学之父”；他提出的近代原子理论学说，使化学领域出现了天翻地覆的变化；他在物理学、化学学科的成就造福了后人，成为世人敬仰的对象，他就是道尔顿。也许你羡慕道尔顿的成就，但你不曾知道幼年的他却遭受到了他人怀疑的眼光和嘲笑。道尔顿小的时候，曾因为把红看成绿而被同伴嘲笑，并被人称为“绿眼猴”，甚至有一次在帮母亲选袜子的时候也选错了色彩，让大家感到非常尴尬。

虽然那时年幼，但他根本不在乎别人的嘲讽，而是专心研究自己为什么把红色的看成绿色的这种奇怪现象。最终，他坚持走自己的路，终于发现了“色盲”，并发表了第一篇关于色盲的论文。后人为了纪念他，又称色盲症为道尔顿症。道尔顿这位伟大的科学家不在乎他人的眼光，一直行走在前进的道路上，身为普通的人我们要想成就自我，是否更应如此呢？

每个人都与众不同，都应有属于自己的学习方式。学生时代记单词的时候，当大家都在大声诵读的时候，有的同学在安安静静地在研究单词的拼法，有的同学在练习本上画着各种符号。也许大多同学不理解，认为他们没有认真完成老师交代的学习任务。但是，周测的时候，你却发现他们的成绩远超出你的预料。每个人都有自己独特的学习方式，既然都是为了学习，找到合适自己的学习方法就好了，又何必在乎他人的眼光呢？

每个人都有自己的工作，行行出状元。也许你从事的是最底层的职业，但是你有自己的价值，这个世界所有的职业都是高贵的。没有了辛辛苦苦的农民伯伯，又怎能享受粮食的美味；没有了尽职尽责的清洁工人，又怎能拥有绿色的家园。所以，不要认为做的是下贱的工作，从而抬不起头来。走自己的路，创造属于自己的蓝天。

枕边箴言

走向成功的旅程是孤独的，也是艰难的。在跋涉的过程中，你肯定会遇到别人的嘲笑，请不要在意，勇敢地坚持走自己的路。走下去，你就会成功。

2.制订计划，付诸实践

荀子曾有言:“不登高山，不知天之高也;不临深谷，不知地之厚也。”这句话意在告诉我们，要想了解“山之高，地之厚”，就必须学会“登高山，临谷溪”，一个不“登”、不“临”的人是无法领略秀丽江山，领略大自然的美好的。因而，一个人要想获得真正的成功，就必须学会实践。而付诸实践的第一步就是制订计划。

你有没有这样的体验，每次开学都雄心壮志，定下目标，但是在吃喝玩乐面前却不断放弃自己的目标，最终期末考试成绩一塌糊涂，排名不断下滑；每一季度工作时，你都信心满满，告诉自己这个季度要完成多少工作量，但到年终奖结算时，你是小组里最少的；肥胖的身体给你带来很大的烦恼，你告诉自己这个夏天你一定要瘦下来，穿美美的裙子，但是在食物和运动之间你不断妥协，体重不降反升，为你平日的生活带来了诸多不便。这些都告诉我们，想要成功，就必须学会制订计划，并付诸实践。

五代梁道士厉归真就是一个善于制订计划、付诸实践的画家。厉归真小的时候酷爱绘画，善于画牛和虎，也画一些禽鸟花卉。自幼生活在农村的他，经常接触到牛，对牛的形态习性非常了解，所画之牛无人不赞赏。然而，牛乃山野乡村常见之物，名门权贵大都以牛挂在厅堂为不雅，所以其画之牛鲜有人问津。为了谋生，厉归真开始学习画老虎，但是所画之虎毫无生气，与牛的神态极为相似，大家都把他画的老虎为死老虎，让厉归真很是苦恼。

为了改变现状，厉归真下定决心画好老虎。他发现自己之所以可以把牛画得栩栩如生主要是因为每天可以看到牛，而老虎却不经常见。为此，他为自己制订了详细的规划，每天一大早他就准备足够的粮食和笔墨纸砚，深入深山老林寻找猛虎。起初，他连老虎的样子都没有看到，后来山民告诉他老虎的习性是白天休息，晚上觅食。厉归真随时改变了自己的规划，开始了自己的画虎之路。

在厉归真看来，画虎的第一步是认真观察老虎，为此他每天在太阳落山后，观察老虎出没情形，仔细观察老虎的各种动态，尤其是老虎发威时的雄姿。在积累了大量素材之后，为了更形象地描绘老虎的神态，他专门向山中猎户借来虎皮，在画虎前身披虎皮，模仿各种动态，仔细揣摩老虎的神态特征。有了这样的准备，厉归真画虎可以说是胸有成竹，所画之虎更是栩栩如生。由此，世人争相买他画的老虎，他也因此而成为了一代有名画家。

计划是实现目标的蓝图。每一个想要实现目标的人，首先要做的就是制订切实可行的计划。当你制订完计划后，就能心中有数，而目标的实现就交给时间来解决。

枕边箴言

如果说人生是战场，那么实践就是胜利的利器；如果说计划是此岸，理想是彼岸，那么实践则是二者之间的桥梁。从今天起，制订计划，付诸实践。

3.行动是成功与否的佐证

宝剑锋从磨砺出，十年磨一剑，漫长的实践造就成功。学生时代学到的理论知识终究要到社会实践中检验，学习理论的目的在于实践。一个人只有付诸行动，认真实践，才能将所学知识内化，抛弃所谓的空洞教条的标签。

“纸上得来终觉浅，绝知此事要躬行。”陆游的这句话告诉我们，从书本上学到的理论知识毕竟比较肤浅，也较为空洞，要透彻地认识事物还必须学会付诸行动，认真实践。行动是一个人成功与否的佐证。有些人总是纸上谈兵，最终害人害己；而有些人却勇敢行动，流芳百世。

战国时期，赵国大将赵奢曾以少胜多，打败入侵的军队，深得赵惠文王赏识，并被提拔为上卿。赵奢的儿子赵括从小熟读兵书，过目不忘，连赵奢也不能相比。赵括很喜欢与他人谈论军事，其他人都不是其对手，故而造就了赵括自负的性格，自以为天下无敌。但父亲赵奢却很担忧赵括，认为其不过是纸上谈兵。他告诉赵括：“如若赵国不用他为将军则罢，如若任命其为将军，那赵军的前途值得堪忧，必定会失败。”赵括却不以为然，认为父亲是在小看他，并没有将父亲的话放在心上。

公元前 259 年，秦军攻打赵国，双方在长平附近争持不下。当时，赵奢已经过世。时任赵军将领的廉颇虽年事已高，但身经百战，秦军无法取胜。鉴于此，秦国实行反间计，派人到赵国散布“秦军最害怕赵括将军”的话语。赵王上当受骗，任命赵括为将。而赵括自以为是，按部就班，死搬兵书条文，到长平后改变了廉颇的作战方案，最终赵军全军覆没，他自己也被秦军射箭身亡。赵括所缺乏的正是丰富的实践经验，他的人生输在了行动上。

反之，那些勇于将理论付诸行动的，往往会取得巨大的成就，英国医生爱德华·琴纳就是一个这样的人。他出生的年代正是天花在欧洲广泛流行的年代，当时每天死亡人数惊人，他立志解决这一问题。大学时代琴纳学习了诸多医学理论，大学毕业后琴纳选择前往乡村实践。

二十年如一日，在行医的同时，他还经常到奶牛场，仔细观察奶牛生牛痘，牛痘怎样感染到人身上及人感染之后的病症等现象。无数次的失败，无数次的实践，琴纳都没有放弃。因为他知道只有无数次的尝试，才有可能成功。他先在动物身上接种牛痘，再接种天花，实验成功后又在一个小男孩身上实验。他所发现的预防天花的方法，挽救了无数人的生命，为人类医学的发展做出了重大贡献。

由此可见，实践对成功非常重要。只有亲自去实践，付诸行动，才能收获真正的成功。换句话说，当你遭遇失败，不妨先静下心来反问自己是否只是在开空头支票，因为行动是成功与否的佐证。

一个只重视理论学习，忽视行动的人，往往会在工作岗位上遭遇诸多困难。现在的我们应该努力做一个通过实践全面发展的人。在社会这个大熔炉中，学会实践，付诸行动，否则你便会与社会脱节，被竞争激烈的职场所淘汰。只有行动，才会让你离成功越来越近，否则等待你的只有失望与落魄。

枕边箴言

行动是成功与否的佐证。现在的你需要通过行动，改变人生。从今天起，在行动中全面发展，完善自我，不做书呆子，不做言论的伟人，实践的矮子。

4.努力实践，实现自我价值

雄鹰搏击长空，是为体验翱翔的欢声笑语；野草经历风雨，是为体验成长的酸甜苦辣；鱼儿潜海击浪，是为体验拼搏的辛酸快感。它们在成长中不断奔跑，用行动去实现自我存在的价值。每一个奔跑在人生旅途中的我们，应该用行动证明自己，努力实践，实现自我价值。

一个水杯，在地摊上售卖，几块钱而已；如若置于商店，则几十元甚至几百元不止。一个人工作于普通饭店，月薪不过几千元；若工作于五星级饭店，月薪上万。

每个人都拥有不同的人生，都有不同的人生追求，但并非盲目地去追求。每个人在做事情时都应该保持清醒的认知，认清自我，才能更好地去实现人生的价值。年少时的陈胜是落魄贫穷的，是骄傲执拗的。年轻时他曾给别人当雇工，但陈胜与他人不同，他不甘心命运的苦难，同情与自己命运相同的人。

一句“燕雀安知鸿鹄之志哉”是陈胜内心的真实写照。他告诉和自己一起工作的伙伴：“以后谁要是发家致富了，可别忘了一块吃苦受累的穷兄弟”，不想却遭到了大家的嘲笑，认为他只是嘴上说说，异想天开而已。但陈胜却不这样认为，他认为自己终有一天会通过自己的行动实现人生价值。

生于秦朝末年的他是不幸的，命运的不公从来没有阻止他追寻自我的脚步。公元前 209 年，陈胜、吴广率领大众发动了历史上第一次大规模的平民起义，沉重打击了秦王朝的腐败统治，也揭开了秦末农民起义的序幕。他没有向众人吹嘘，而是通过行动改变了自己的人生轨迹，在行动中实现了自己的目标和人生价值。

莎士比亚的小说《哈姆雷特》就塑造了一个缺乏行动力量的人物。不能否认，哈姆雷特是一个敢作敢为、理想崇高的人物。他心思缜密，在他父王的冤魂告诉他自己被害真相时，便决定找叔父复仇，登上王位。然而当他复仇时，总是徘徊不决，止步于行动，最后造成了复仇的悲剧。哈姆雷特是可悲的，原本璀璨的人生止步于实践。试想，如果他能够付诸实践，结果又是怎样呢？

如果你认真观察，就会发现你的身边有随处可见的志愿者。他们一介布衣，却不卑不亢。他们或在城市的各个角落修剪花草，拾捡垃圾；或在敬老院里陪伴孤寡老人，照顾他们衣食起居；或帮助每一个需要帮助的人。汗水浸湿了衣裳，但是他们却乐此不疲。在他们看来，他们的付出与奉献是值得的，帮助他人的同时，也实现了自我的人生价值。

一个人无论生于何时，身处何地，都应该通过实践去改变自己，实现人生价值。你应该清楚自己人生的意义和目的是什么？清楚自己职业的目的是什么？认知了这些之后，放手去做，千万不要成为哈姆雷特，把握行动的力量与方向。在行动中蜕变，获得新生。

枕边箴言

一场梦，如若忘却，则为浮云；如若实践并为之拼搏，则是成功。一个人，如若止步不前，则失去方向；如若实践并永不停歇，则会改变自我，实现人生价值。你准备好实现自己的人生价值了吗？勇敢去实践，放手去做，你的人生定会与众不同。

5.在行动中快乐，在实践中成长

从呱呱坠地到蹒跚学步，从咿呀学语到长大成人，人生本就是变化多端的旅程。我们的人生好比无边无际的大海，变化多端，时而巨浪拍岸，时而风平浪静。每个人都不愿受到命运的摆布，都不愿向惊涛骇浪屈服，而我们应做的就是在行动中塑造璀璨的人生，在实践中获取宝贵的财富，披荆斩棘，在行动中快乐，在实践中成长。

曾经有一幅主题为“流水的水管”的漫画阐述了行动的意义。第一幅漫画上三个人双眼都面对着一个哗哗流水的水管，大家反应各不相同。第一个人摇着头，似乎感慨万千地说：“浪费，好浪费呀，真是太可惜了。”第二个人眼中充满了愤怒之情，说：“可耻，太不道德了，也不知道是谁做的。”第三个人四处张望，问道：“人呢？怎么大家都没有人来关掉？”

而第二幅漫画的人则没有抱怨，没有愤怒，径直走向水龙头，默默地关上了水龙头，脸上露出了开心的笑容。两幅漫画截然不同的风格，看似事情很小，但是却告诉了我们行动的意义。第一幅漫画的人光说不做，第二幅漫画上的人积极行动，二者有着本质的区别。

学生时代，各种实践活动，比如军训，虽然很辛苦，很累，但是正是经过了军训，我们才能用饱满的精神来迎接之后的学习和生活，才能体会到那些保家卫国的军人们的艰辛与快乐。在军训中所付出的只不过是努力，但是你收获的却是多年前所未有的好习惯、精神，更重要的是快乐与成长。

享有“中国铁路之父”、“中国近代工程之父”之称的詹天佑就是一位在行动与实践中收获快乐与成长的人物。当时的中国积贫积弱，面对外国人的无理挑衅和冷嘲，他选择了默默苦干。他没有选择向世人吹嘘“我一定能修出最好的铁路”之类的话，毅然决然地接受修路的任务。他没有躲在舒适的房间指挥工人修路，而是亲自带着学生和工人在恶劣的环境里翻悬崖、爬峭壁。遭受过怀疑，遭受过挫折，他都置之不顾，最终在大家一起努力下因地制宜地设计出“人”形铁路和中部凿井法，缩短了两年工期，使我国第一条铁路——京张铁路顺利通车。

詹天佑在行动中告诉世人中国的强大，粉碎了“中国会修铁路的工程师还没有出生”的滥言，在实践中告诉了我们实干的力量。他没有说大话，也没有纸上谈兵；他在行动中收获了掌声和快乐，也在实践中逐渐成长为一名优秀的工程师，成为中国人的骄傲。

在行动中快乐，在实践中成长，每个人的人生都应如此。一个只会读死书而不会实践的人终究是个书呆子，一个只说不做的人终究也不会收获到成功和喜悦。实践出真知，行动会让你收获快乐，在不断的实践中方能明白人生的真谛。

人的一生会遇到很多事情，酸甜苦辣，成功挫折，都不是我们停止行动的理由。学会改变，学会在行动中成长，这样你的人生才会更加多姿多彩。

枕边箴言

如果人生是一条河，那么行动就好似一条船，载你到达彼岸；如果人生是一座山，那么行动就好似攀登的力量，带你到达山顶；如果人生充满荆棘，更需要在实践中披荆斩棘，在实践中不断感悟，不断成长，砥砺前行。

第二十一章

打拼：未来的你值得期待

每个人都渴望赢得他人的鲜花和掌声，现在的你不应止步不前，应该努力创造，努力拼搏，为自己，为未来！

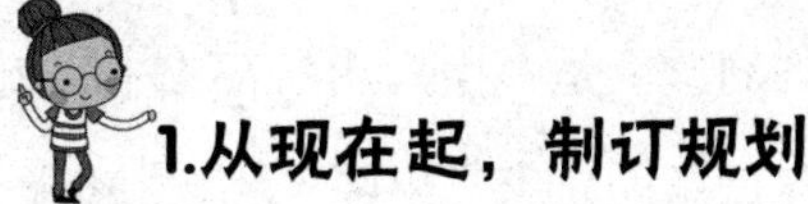

1.从现在起，制订规划

每个人的人生都与众不同，都会规划自己的人生。有的人，按照自己的人生规划，苦心经营，成就了辉煌，而有的人却始终停留在道路的开端。不同的出身，不同的人生理想，不同的生命，只要我们懂得规划，都能够演绎出别样的人生风情。只要用心，只要努力，无论是贫瘠的山地还是富饶的土地都能够鲜花满地。所以，每个人都要学会用心规划人生，设计美丽的人生。

也许你怀揣浪迹天涯的梦想，拥抱春暖花开的承诺，或在千里之外与成功拥有一场美妙的邂逅。每一个怀揣梦想奔向终点的人，都应该在奔跑之前，给自己规划一个美好的未来。成功的道路上诱惑很多，坎坷曲折，要规划好自己的人生，应该设计一幅宏伟的人生蓝图，每一个怀揣梦想的人本就应该如此。

大智若愚，虽然称为愚公，但却拥有大的梦想，最终劈山开路，引领一个家族走向宽广世界，名垂史册；执着的精卫将自己的梦想设计到大海深处，一簇青枝，一枚鹅卵，始终不忘肩上的任务，希望凭借小小的力量填海救己；坚韧的徐霞客一心向往秀美山河，一生行一路，纵享高山的清风和日出的绚烂，矢志不渝点亮大大的梦想。

你可曾预想千里之外与成功来一次美妙的邂逅？可曾想过五年、十年、二十年后的自己是何种状态？是鹤立鸡群还是过得一塌糊涂？每个人都期待骄傲的人生，为此你必须要学会规划好这段布满荆棘坎坷不曲的道路。你的规划不仅包含你的梦想，有一帆风顺的旅程，有风云变幻的司机，有激荡长伏的道路，还要有满是星光的大道。

李时珍的规划，就是一生种尽世间草，尝遍百种草，写全世间草，他不惧艰辛，即使再苦也没有放弃前行的脚步，他以一部举世瞩目的《本草纲目》造就了传奇人生；司马迁的规划，就是一生写出一部史书，就算忍辱负重，落魄不堪，最后以一卷荡气回肠的史家之绝唱，无韵之离骚，为自己的人生图画画上美丽的一笔；玄奘的规划就是一生取一部真经，就算路上艰难险阻也阻挡不了他取经的决心，他做到了，世人记住了他，他的一生传颂不息。

学会规划，你的人生会充满了斗志，你不再是那个在十字街头徘徊迷茫的人，有了目标，你会斗志昂扬，不遗余力地实现自己的梦想；学会规划，你会离成功越来越近，你的规划应该包含你对未来的各种憧憬，你对成功的渴望越大，你的规划会越好；学会规划，你的每一天都会是崭新的，你会不再执拗于过去的错误和失误，因为你明白，一切都应该向前看。

当然，要规划好自己的人生，还需要不断地修正。每个人都会走弯路，这就需要我们不断地修正，在失败中汲取经验教训，做自己人生的主人，只有这样，方能坚持不懈，成就最好的自己。

枕边箴言

还在等待什么呢？从今天起，规划自己的人生吧！规划你的梦想，规划你的人生，让梦想之花永远绽放，让未来充满色彩。用心规划人生，展示最美的人生。你要明白，如何握好人生的画笔，如何成就精彩的人生是我们一辈子的事情。时不待我，你努力规划的人生，终会在某个阳光满地的日子里结出可口的果实，终会在满是星辰的天空里脱颖而出。

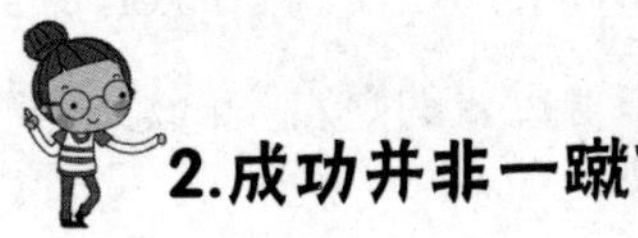

2.成功并非一蹴而就

罗马不是一天建成的，成功也并非一蹴而就。每个人都向往成功，但是它并非路边的石头，随处可见；也不是花园里的花朵，随意就可摘出五彩缤纷的花朵。人的一生总要经过些许曲曲折折，平静的海面不会造就勇敢的水手，恒温的花房开不出耐寒的花朵，安逸舒适的环境造就不了时代的伟人。

成功不可能唾手可得，你需要不断地努力，你需要勇敢坚毅，你需要充满信心，坚持自我。即使面临无数个黑夜，你会失望，你会迷茫，但是当所有的一切都过去，你就要勇敢地站起来，面对阳光微笑。无论外在的环境对你来说多么残忍，无论他人的评论对你那么无益，你都要顶住绝望，一步步努力地坚持下去，终究有一天，你会迎来属于自己的璀璨星光。

艾柯卡从普林斯顿大学硕士毕业之后，应聘进入福特汽车公司任职。他踏踏苦干，不断创新，从一个小小的部门经理，最终成为大家欣羡的福特汽车公司总裁。也许，这对于他来说是幸运的，他的事业一帆风顺，没有遭遇任何困难就坐上了总裁的宝座。然而，就在这时，他受到了公司董事长的猜忌，惨遭革职，一夜之间丢入低谷。

但是，艾柯卡并没有一蹶不振，他告诉自己成功并非易事，失败也不可怕，他要学会积累经验教训，从头再来，打拼一片属于自己的蓝天。离开福特后，他受当时已经濒临破产的克莱斯勒汽车公司邀请出任总裁，开始了大刀阔斧的整顿和改革。在公司生死存亡之际，艾柯卡精心整顿，向汽车市场进军，终于反败为胜。到 1984 年，该公司已名列美国汽车公司排行第三名，艾柯卡也因此成为美国企业的骄傲。

他用自己的一生告诉了我们成功的价值和含义。通往成功的道路上有挫折和失败，但失败对于他来说却是一笔非常重要的财富。试想，如果当时的他就此放弃，等待他的又是什么呢？

谁不向往成功，但成功谈何容易？成功需要我们循序渐进，需要我们能够直面失败，勇敢面对人生。当你无法从一楼跳跃到三楼时，请不要忘记走楼梯。一步步坚定地走下去，一步步地分解你的目标，逐步实施。如果每天都能够让自己进步一小步，那还有什么能够阻碍我们最终走向成功呢？

也许昨天的你颓废不堪，不知该如何接近成功；也许昨天的你整日沉浸在失败的阴影中无法自拔；也许昨天的你幻想一口吃成一个胖子，但你现在知道了，这些都是不现实的，你需要做的不仅仅是与过去的自己说再见，与失败说再见，而是重新起航，一步一步踏踏实实地走下去，付出就一定会有收获，一点一滴的积累一定会造就更加卓越的你。

只要我们每天前进一小步，一年就进步了 365 步，持续这样做，成功都会在逐渐积累中实现。每个人天生都是平凡普通的，不要幻想自己立马就能脱胎换骨，转眼间就成为一个天才。要知道，从普通到优秀再到卓越，需要的不仅仅是时间，更需要做的是每天的努力与蜕变。

枕边箴言

脚踏实地，扎扎实实，点滴的进步，不仅会让自己内心的潜能得到最大的发挥，也能够积累成功的资本。成功并非一蹴而就，它是逐渐积累与蜕变的过程，是不断战胜失败和挫折的过程。奔跑吧，只要你停止奔跑，终有一天，你会到达成功的彼岸。

3.鹤立鸡群并非难事

人生中的许多事情，只要想做，都可以做到；只要想克服的困难，都能够克服，没有你想象中的那么困难，也不需要什么特别的技巧和谋略。只要一个人对未来还有期望，奔跑在人生的跑道上，他终究会发现，上天对世事的安排，都是水到渠成的。成功并不难，鹤立鸡群并非难事，你之所以觉得难的原因在于你不敢去做。

当你还在弄清楚成功的含义时，有些人已经把成功牢记于心；当你正在思考为什么要获得成功时，有些人已经在成功的道路上迈出了坚定的一步；当你为了成功不知所措时，他人早已在通往成功的道路上披荆斩棘，与风雪搏斗；当你下定决心去成功时，他人已经在某个阳光灿烂的午后看到了成功的曙光。你与他人的距离，往往差在了行动上。

你不去做，不付出，又怎么知道这件事情你完成不了？你想在众人中脱颖而出，鹤立鸡群，不奋斗不努力，又怎么能成为一个成功的人。若你想拥有精彩的人生，不付出比他人更多的努力，成功为何会青睐你？爱迪生的确很成功，但是成功的背后凝结了他无数个日夜的汗水和泪水。倘若他当初不去做，觉得这件事情根本就是不可能的事情，那么他也不会为人类文明的进步和发展做出巨大贡献。

20 世纪 60 年代，一位韩国青年在剑桥大学学习，主修心理学课程。闲暇时，他喜欢到学校的茶座听一些诺贝尔奖获得者、学术权威和其他一些成功人士聊天。他觉得他们的讲话很有意思，并不像他们发表的学术文章那样晦涩难懂，这吸引了他的注意力。成功者的幽默风趣深深地吸引了他，成功人士告诉他其实成功是件顺理成章的事情，与那些所谓的“三更灯火五更鸡”“头悬梁，锥刺股”等没有必然的联系。

这让他觉得很是不解，这位青年想难道他是用自己成功的经历来吓唬我们这些一事无成的人。这个问题吸引了他，他随即展开了一系列深入的调查研究，并于1970年成功撰写毕业论文《成功并不像你想象的那么难》。而这篇硕士论文也深深地吸引了其导师——现代经济心理学的创始人威尔·布雷登教授的注意力。他的导师认为这是心理学界的新大陆，并断言这会在韩国产生轰动效应。

几年之后，该书鼓舞了很多人，成为韩国乃至全世界的畅销书。它不仅鼓舞了那些正奔跑在成功道路上的人，也点醒了那些惧怕成功的人。而这位青年后来也取得了巨大的成功，成为韩国泛业汽车公司的总裁。

上帝赋予了我们每个人以生的权利，也给予了我们智慧和时间让我们去努力实践一件事情。只要你心中有梦，勇敢去做，并在实际行动中不放弃，最终你一定会发现：鹤立鸡群并非难事，成功也并非像你想象的那么难。

上帝安排了我们很多事情等着我们去行动，如果不去做，你永远不会知道有多么容易。选定目标，坚持不懈地打拼、去奋斗吧！终有一天，你终会明白，上帝对世事的安排，是很讲究奋斗的。

枕边箴言

你梦想鹤立鸡群，站在最亮的灯光下，拥有最美的人生，所有的这些都并非遥不可及。从现在起，敢作敢为，去实现自己心中的梦想。只要你肯付出，坚持不懈，那些所有在你脑海中的梦想终究会实现。

4.未来的你不应该一事无成

明天的你过得好不好，取决于你今天怎么过。成长的路上，每个人都会改变，每个人都期望活成与众不同的样子。现在的你，要尽力地努力过好每一天的生活。为自己的梦想尽一份力，只有这样，你的未来才是可靠的，才是有保障的。每个人都希冀不同的未来，都不希望未来的自己一事无成。

未来的你或许是个农民，或许是名工程师，或许是位演员，但无论从事什么职业，你都必须活出有各个职业的样子。农民有农民的不同，有些农民种植发家，生活自在安逸，有些却靠天吃饭，拥有再富饶的土地也成不了富人。你也许会成为演员，但一定要成为一名德艺双馨的演员，成为一名令人尊重的演员。

小时候的你编织了很多美好的梦想，但是长大成人的你，却发现自己所有小时候的梦想都变为幻影。你告诉自己童话里都是骗人的，但是你何尝想过二十年的时间你都做了什么？当你的小伙伴都埋头苦读时，你抱怨学习太苦，选择在放浪中度过；当你的小伙伴在迎接暴风雪的时候，你抱怨风雪太大，选择了在哭泣中度过。你又何必去抱怨现在的你们差别太大呢？

你是否想过该怎样度过自己的十年、二十年？是否想过十年、二十年后的自己是否拥有不一样的人生？是选择在人生的道路上逐渐奔跑，还是选择永远止步不前？抑或是多少年之后你活成了自己最讨厌的样子，一事无成？答案是否定的，未来的你应该更加出色，应该展翅翱翔。那么我们又该如何让未来的自己更加出彩呢？

首先，找准自己的位置。你应该先思考一个问题，你的梦想是什么？是老师？是军人？还是医生？你喜欢做什么？给自己一个准确的定位，认清自己的优势和弱势，给自己一个合适的梦想。

其次，付诸行动，努力实践。你需要告诉自己行动的力量，空想是永远不会成功的。只要你继续奔跑，努力奋斗，你离梦想的距离就会越近。在行动的同时你也会收获更多的快乐和幸福。

再次，不惧怕跌倒，勇敢地站起来。逆风的时候更适合飞翔，失败并没有那么可怕。失败和挫折都不是你放弃的理由，相反他们会成为你人生的财富。在失败中汲取经验教训，在挫折中砥砺前行，这才是人生应该有的态度。

最后，相信自己，塑造未来。走自己的路，让他人去说吧！不管是谁也不能动了你的梦想，也不能阻挡你追逐未来的脚步。自信永远是成功的基石，在自信中迎接最好的自己。

未来的你不应该一事无成，你想象过未来的自己吗？千万不要等面对未来的自己时，才后悔不已；千万不要活成自己当初最讨厌的模样。

枕边箴言

给未来的自己写一封信，告诉自己的期待和模样。多少年过后，当你打开这封信的时候，是泪流满面还是激动的心情溢于言表。你的未来由你把握，你的未来应该是最美的样子。

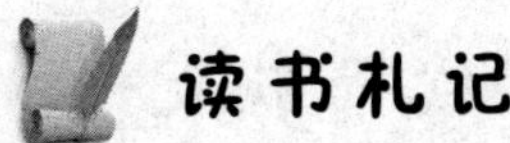
读书札记

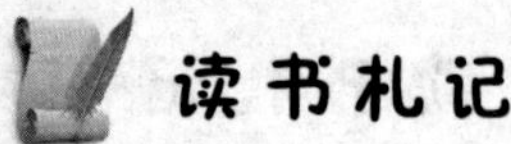
读书札记

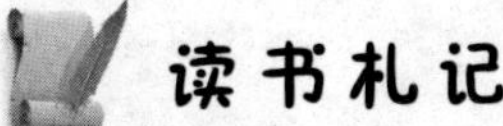

读书札记